奇龍族學園
化學知識
大解鎖

朱國傑 著

新雅文化事業有限公司
www.sunya.com.hk

奇龍族學園人物介紹

小寶

陽光女孩，愛運動，個性開朗，愛結識朋友。

奇洛

充滿好奇心，愛動腦筋和接受挑戰，在朋友之中有「數學王子」之稱。

貝莉

生於小康之家，聰明伶俐，擅長數學，但有點高傲。喜歡奇洛。

魯飛

古靈精怪，有點頑皮，雖然體形有點胖，但身手卻非常敏捷，最好的朋友是小他四年的多多。

海力

非常懂事，做任何事都竭盡全力，很用功讀書。

伊雪

沒有什麼缺點，也沒有什麼優點，有一點點虛榮心。

布加

小寶的哥哥，富有同情心，是社區中的大哥哥，深受大小朋友的喜愛。

多多

奇洛的弟弟，天真開朗，活潑好動，愛玩愛吃，最怕看書。

目錄

元素周期表

族

原子序 → ┌─────────┐ ← 元素名稱
　　　　　│ 1　氫　│
　　　　　│　H　　│ ← 化學符號
相對原子質量 →│　1.0　│
　　　　　└─────────┘

I	II							
3 鋰 Li 6.9	4 鈹 Be 9.0							
11 鈉 Na 23.0	12 鎂 Mg 24.3							
19 鉀 K 39.1	20 鈣 Ca 40.1	21 鈧 Sc 45.0	22 鈦 Ti 47.9	23 釩 V 50.9	24 鉻 Cr 52.0	25 錳 Mn 54.9	26 鐵 Fe 55.8	27 鈷 Co 58.9
37 銣 Rb 85.5	38 鍶 Sr 87.6	39 釔 Y 88.9	40 鋯 Zr 91.2	41 鈮 Nb 92.9	42 鉬 Mo 95.9	43 鎝 Tc (98)	44 釕 Ru 101.1	45 銠 Rh 102.9
55 銫 Cs 132.9	56 鋇 Ba 137.3	57* 鑭 La 138.9	72 鉿 Hf 178.5	73 鉭 Ta 180.9	74 鎢 W 183.9	75 錸 Re 186.2	76 鋨 Os 190.2	77 銥 Ir 192.2
87 鍅 Fr (223)	88 鐳 Ra (226)	89** 錒 Ac (227)	104 鑪 Rf (261)	105 𨧀 Db (262)	106 𨭎 Sg (269)	107 𨨏 Bh (270)	108 𨭆 Hs (269)	109 䥑 Mt (278)

*	58 鈰 Ce 140.1	59 鐠 Pr 140.9	60 釹 Nd 144.2	61 鉕 Pm (145)	62 釤 Sm (150.4)	63 銪 Eu 152.0	64 釓 Gd 157.3
**	90 釷 Th 232.0	91 鏷 Pa (231)	92 鈾 U 238.0	93 錼 Np (237)	94 鈽 Pu (244)	95 鋂 Am (243)	96 鋦 Cm (247)

			III	IV	V	VI	VII	O
								2 氦 **He** 4.0
			5 硼 **B** 10.8	6 碳 **C** 12.0	7 氮 **N** 14.0	8 氧 **O** 16.0	9 氟 **F** 19.0	10 氖 **Ne** 20.2
			13 鋁 **Al** 27.0	14 矽 **Si** 28.1	15 磷 **P** 31.0	16 硫 **S** 32.1	17 氯 **Cl** 35.5	18 氬 **Ar** 40.0
28 鎳 **Ni** 58.7	29 銅 **Cu** 63.5	30 鋅 **Zn** 65.4	31 鎵 **Ga** 69.7	32 鍺 **Ge** 72.6	33 砷 **As** 74.9	34 硒 **Se** 79.0	35 溴 **Br** 79.9	36 氪 **Kr** 83.8
46 鈀 **Pd** 106.4	47 銀 **Ag** 107.9	48 鎘 **Cd** 112.4	49 銦 **In** 114.8	50 錫 **Dn** 118.7	51 銻 **Sb** 121.8	52 碲 **Te** 127.6	53 碘 **I** 126.9	54 氙 **Xe** 131.3
78 鉑 **Pt** 195.1	79 金 **Au** 197.0	80 汞 **Hg** 200.6	81 鉈 **Tl** 204.4	82 鉛 **Pb** 207.2	83 鉍 **Bi** 209.0	84 釙 **Po** (209)	85 砈 **At** (210)	86 氡 **Rn** (222)
110 鐽 **Ds** (281)	111 錀 **Rg** (280)	112 鎶 **Cn** (285)	113 鉨 **Nh** (286)	114 鈇 **Fl** (289)	115 鏌 **Mc** (289)	116 鉝 **Lv** (293)	117 鿬 **Ts** (294)	118 鿫 **Og** (294)

65 鋱 **Tb** 158.9	66 鏑 **Dy** 162.5	67 鈥 **Ho** 164.9	68 鉺 **Er** 167.3	69 銩 **Tm** 168.9	70 鐿 **Yb** 173.0	71 鎦 **Lu** 175.0
97 鉳 **Bk** (247)	98 鉲 **Cf** (251)	99 鑀 **Es** (252)	100 鐨 **Fm** (257)	101 鍆 **Md** (258)	102 鍩 **No** (259)	103 鐒 **Lr** (260)

把生日蛋糕一直分下去，會得出什麼？

今天是多多生日的大日子，奇洛作為多多的哥哥當然竭盡所能為弟弟舉辦一次難忘的**生日派對**。奇洛邀請了**一百多位**奇龍族學園成員參加這次的生日會，他還親自製作了一個**巨型生日蛋糕**給多多。

「多多，生日快樂！你的生日蛋糕是我見過**最棒的**！」小寶搶先祝賀多多，然後一臉期待地望向哥哥布加續說：「哥哥，我下次生日你也給我做個大蛋糕吧！」

「今天真高興，多謝各位出席多多的生日會。現在讓我們一起唱生日歌給多多吧！」奇洛說。

祝你生日快樂，祝你生日快樂……

多多進行了切蛋糕儀式後，貝莉提議：「分發蛋糕的重任交給我吧！讓我計算一下每人可以分得多少蛋糕！」

原來奇龍族學園共有 118 位成員，但這難不到擅長數學的貝莉，她當然能夠平均地把蛋糕分給所有人品嘗。

奇洛看着貝莉把蛋糕**一刀一刀地**切開，轉眼蛋糕變成了 118 份！他注視着那些已切開的蛋糕，**深刻地**思考着：「如果我一直切下去，當每份蛋糕切得很小很小的時候，再切下去會變成什麼呢？」

　　在旁的魯飛聽到奇洛自言自語，忍不住說：「奇洛，蛋糕不能切得太小，太小的蛋糕不能**果腹**，再切下去的話，便會小得連塞牙縫都不夠。」

魯飛邊吃邊續說：「真美味！我要細細**咀嚼**蛋糕，品嘗組成蛋糕的每一種材料的香氣和味道：砂糖、雞蛋、牛奶、牛油、麵粉……」

奇洛聽到魯飛這一番話，**茅塞頓開**，似乎想通了一些事：只要一直把蛋糕切下去，最終會把蛋糕分成各種美味的材料，可是他又問：「那麼砂糖、雞蛋、牛奶、牛油和麵粉又是由什麼**物質**組成的呢？」

魯飛笑着說：「我不知道蛋糕進入我的身體之前是由什麼物質組成的，只知道蛋糕進入我的身體之後，會變成我的**便便**！」

飽覽羣書的海力聽到奇洛的提問，便嘗試解答：「我曾經閱讀過一些圖書，是有關科學的其中一門知識——**化學**。化學家指出世界上所有事物都是由約 118 種不同的**元素**組成，你的蛋糕也不例外。我們可以在**元素周期表**中找到這些元素的資料……」

「海力，謝謝你。讓我之後到圖書館找找資料。」奇洛說。

化學小學堂

變成萬事萬物的化學元素

世界上所有物質都是由約 118 種不同的元素組成，化學家將這些元素排列成元素周期表。周期表內，元素會被按照它們的性質排列，相同性質的元素便排列於同一組內，好像全校同學在早會時排列隊伍一樣，同班同學會排成一行隊列，整整齊齊，這樣周期表便易於閱讀。

為更快捷地表達各種元素，元素都以不同的英文字母來代表，這就是元素的化學符號，例如：氧的化學符號是 O，碳的化學符號是 C，氫的化學符號是 H，其他元素的化學符號可在本書第 4-5 頁的元素周期表中找到。

世界萬物多不勝數，怎麼有可能由 118 種元素組成的呢？😳

當然可以。118 種元素能組合出很多不同的配搭，由不同元素組合而成的物質稱為化合物。元素在進行化學反應後，便會變成化合物。不同的元素組合能否變化出化合物，就要看看該元素的性質，例如：鈉碰到水便會發生爆炸的反應，產生氫氧化鈉和氫氣；但把鈉掉進油中，卻是十分平靜，完全不會發生化學反應。

氫和氧的化學符號分別是 H 和 O，我聽過大人說水是「H_2O」，是不是在水中就可以直接拿到氫和氧這兩個元素呢？😄

在名為水的化合物中，氫和氧是被強大的力量連結着，化學家稱這種力量為「化學鍵」。在沒有比化學鍵更強的力量下，氫和氧是不能被分開的，因此我們是不可以在水中直接拿到氫和氧。

為什麼碳的化學符號是 C，氧是 O，氫是 H？

大部分元素的化學符號源自它們的英文名稱的首個字母，例如：碳的英文是 Carbon，符號是 C；氧的英文是 Oxygen，符號是 O；氫的英文是 Hydrogen，符號是 H。😊

化學小達人訓練

組成食物和日常用品的元素

元素周期表內的元素約 118 種，其中一些元素在我們的日常生活中十分常見。請觀察以下食物和日常用品的組成元素，再作出分析。

組成食物成分的元素

食物成分	組成的元素
水	氫、氧
糖（碳水化合物）	碳、氫、氧
脂肪	碳、氫、氧
蛋白質	碳、氫、氧、氮、硫

組成日常用品的元素

物質	組成的元素
玻璃	碳、硅、氧
塑膠	碳、氫、氯、氧、氮等
不鏽鋼	鐵、碳、鉻等
布料	碳、氫、氧、氮等
藥物	碳、氫、氧、氮、硫等

1 在日常生活中，哪些元素最常見？

_____

_____

2 在組成我們身體的元素中，哪種元素的數量佔最多？

_____

_____

在顯微鏡下看不見的世界

今天，常識科老師帶領同學參觀科學博覽會，讓他們認識各種不同的創新科學發明。

在**人工智能**展區，迪奧老師介紹：「人工智能就好比一部懂得**解決問題**的電腦，可以幫助我們解決生活上的難題。」

魯飛喃喃自語：「我最怕做功課了！如果我有一部能幫我做功課的人工智能電腦，我就什麼煩惱都沒有了！」

在旁的奇洛**勸勉**魯飛：「功課是學習的一部分，你還是認認真真做功課吧！」

突然，小寶驚歎：「嘩，這個人工智能機械人真**厲害**，能迅速拼出一幅一萬塊的拼圖！」

魯飛打趣說：「我也很厲害，能短時間內把一幅一萬塊的拼圖拆散！」

小寶帶點不滿地回應：「你就是不懂欣賞拼圖的美

妙之處，每一小塊拼圖是一個**小單位**，只要耐心拼砌，一塊又一塊的拼圖就能變出複雜的圖案。」

在**創新物料**展區，小寶走近一些小磁磚，突然這些小磁磚變成了跟小寶一模一樣的雕像，把她**嚇了一跳**！

這些神奇的小磁磚也吸引了魯飛和奇洛。魯飛興奮地說：「這些小磁磚在模仿我們呢！你看，它們變成了我們三人模樣的雕像了。」

奇洛好奇地捏了捏雕像，說：「原來雕像是由許多塊細小的**磁石**互相吸引而成的，磁石改變了**磁力**的方向，便可變出不同的形狀。」

小寶此刻體會到，原來細小的磁石跟拼圖一樣美妙，可以組成更大的材料結構。

最後，迪奧老師帶領同學到**生物**展區，他介紹說：「在這個展區中，同學們可以透過多台**光學顯微鏡**，看到微觀世界中的微生物，例如：細菌、真菌、原生動物、病毒等。這些微生物很細小，我們單憑肉眼是看不見的。大家不要錯過這次機會，用顯微鏡把這些微生物**放大**，一睹牠們的真正面貌吧！」

小寶對微小的東西十分着迷，當然不會錯過這次機會。她一心想找出構成細菌的**基本單位**，可是無論她怎樣利用顯微鏡把細菌的影像放大，都看不見細菌是由什麼組成的。

原來世界上還有更細小，小得連顯微鏡也看不見的**物質**正在等待小寶發現。究竟是什麼呢？

化學小學堂

物質的最基本單位──原子

　　所有物質像是水、空氣和我們的身體，都是由很細小的粒子構成的，這些粒子稱為原子。以一塊 5 克的方糖為例，便含有 401,000,000,000,000,000,000,000 個原子，可知原子有多小。

質子和中子

電子

　　再深入一點，組成原子的是更細小的粒子，這些粒子就是質子、中子和電子。質子和中子就在原子的核心，而電子則一直圍繞原子核不停地跑來跑去。

　　砂糖是由碳原子、氫原子和氧原子組成的化合物。不同的原子含有不同數量的質子：碳原子含有 6 個質子，氫原子只有 1 個，氧原子有 8 個。化學家為方便查閱各種原子的資料，製作了元素周期表，並以各原子內質子數量來排序，這就是原子序。因此，在元素周期表中，氫原子排第一，碳原子排第六，氧原子排第八。其他元素的原子序可在本書第 4-5 頁的元素周期表中找到。

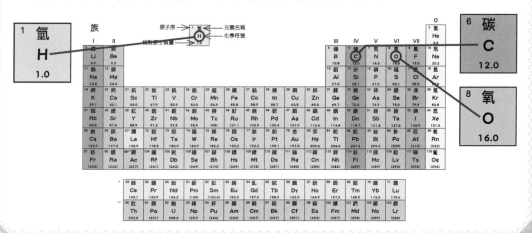

水又稱為「H_2O」，那麼是不是代表水是由氧 (O) 原子和氫 (H) 原子組成的化合物？

對了，H 是氫原子的化學符號，而 O 是氧原子的化學符號， H_2O 代表了水是由兩個氫原子和一個氧原子所組成的。

除了氫和氧能組成化合物外，別的元素可否組成其他化合物呢？

當然可以！元素就好像一堆形狀不一的積木，這些積木可拼砌出千變萬化的化合物。我們日常用來調味的食鹽，它的化合物名稱是氯化鈉，是由氯和鈉所組成的。又如二氧化碳是由氧和碳所組成的，製作麵包的梳打粉是由鈉、碳和氧所組成的。

我們認識了元素周期表的元素名稱、化學符號和原子序，可是相對原子質量又是什麼呢？

原子的相對質量數值越大，就代表原子越重。例如金的相對質量是 197，而銀的相對質量是 107.9，因此相同體積的金塊和銀塊，金塊比銀塊重！

元素周期表高手

1 是時候測試你查閱元素周期表的能力了！請利用本書第 4-5 頁的元素周期表，用最快的時間找出以下元素的化學符號、原子序和質子數量。

元素	化學符號	原子序	質子數量
鈉	Na	11	11
矽			
鈣			

久經訓練的化學家可以在兩秒之內從元素周期表中找出目標元素的資料！

你需要的時間是 _____ 分 / 秒。

2 你知道你是氣體製造機嗎？請猜猜你每天製造出來的屁（硫化氫）是由哪些元素所組成呢？

_____

不懂回答的話，下次就別放屁了！

超級市場經理擁有超人般的記憶力？

明天是學校旅行日，小息時同學們聚在一起討論明天要帶些什麼、吃些什麼。貝莉說：「我會帶購自英國倫敦的野餐墊和下午茶餐具，當然還會親手製作一些**高級糕點**。我需要買牛油、麵粉、雞蛋和一些烘焙用品。」

魯飛說：「我要買牛排、雞排、豬排，來一個**超級雜排**燒烤餐，當然還要買大量**木炭**！」

奇洛發現大家要買的東西都可以在**超級市場**裏找到，於是相約同學們放學後一起到超級市場。

在超級市場裏，貨品**應有盡有**，可是同學各自拿着自己的購物清單，**茫無頭緒**，不知從哪裏找起。

「牛排、雞排、豬排，你們躲到哪裏去了？」魯飛東張西望，**急切地**問。

「為什麼找來找去也找不到麵粉和牛油呢？難道我的英倫主題下午茶野餐要**泡湯**了嗎？」貝莉失望地說。

正當同學們苦惱之際，布加看見了超級市場經理哥哥，提議說：「我們去請教經理哥哥吧！」

　　於是，同學們**一擁而上**，紛紛把各自的購物清單遞給經理哥哥。幸好，經理哥哥見怪不怪，**不慌不忙地**逐一回答同學們的查詢。

　　經理哥哥對魯飛說：「你要買的牛排、雞排和豬排都是**新鮮肉食，前面第二行**就有你所需的肉類了！」

　　然後，他又對其他同學說：「麵粉和牛油屬於烘焙類，

放在**左邊第五行**；薯片和軟糖是零食，放在**右邊第六行**……」

小寶聽到經理哥哥的回應後，驚訝地問：「經理哥哥，你怎麼能記着所有貨品的存放位置呢？難道你擁有超人般的**記憶力**？」

經理哥哥笑着説：「我又怎麼能記着上千種貨品的位置呢？我只是記着各大**類型**貨品的存放位置，而同類貨品都會放在相近的位置。」

海力讚歎道：「原來經理哥哥也是個**化學專家**，運用了化學元素分類的概念，把相似的貨物**歸類**，就像把相似性質的元素放在**元素周期表**中的同一組內。你把超級市場內的貨品分成多行，而元素周期表則把元素分為 8 個直行，每行一組，以羅馬數字順序編排，分別是第 I、II、III、IV、V、VI 和 VII 族，加上最後一族——第 0 族，合共 **8 族**。至於第 II 和 III 族之間的元素，就稱為『過渡元素』。」

經理哥哥撓撓頭説：「其實我對化學**一竅不通**，但我也想知道每一族的元素究竟有什麼相似的地方呢！」

化學小學堂

獨特的元素

　　每一族的元素都各有特質，就好像奇龍族學園的成員一樣，各有性格。以下是其中四族元素的特質：

族	名稱	特質	例子
第 I 族	鹼金屬	當我是元素的時候，性格火爆，化學反應激烈，水是我的敵人，一遇水便會發生爆炸。但我與其他元素結合變成化合物後，便會變得溫和，而且十分常見，因為我存在於食鹽之中。	• 鋰：鋰離子聚合物電池 • 鈉：氯化鈉，即食鹽 • 鉀：氯化鉀（海鹽的成分）
第 II 族	鹼土金屬	我的性格比較溫和，在生物中有很重要的角色，例如鎂是形成植物細胞內葉綠素的成分，令植物可以進行光合作用；另一個例子就是鈣，它是形成骨骼結構的重要成分。	• 鎂：葉綠素的組成元素 • 鈣：組成骨骼和牙齒結構的物質
第 VII 族	鹵素	我的組員有不同的顏色，雖然精彩，但毒性很高，小量使用可以殺菌，大量洩漏可以致命。	• 氟：一種淺黃色氣體 • 氯：一種黃綠色氣體，可用於消毒食水 • 溴：一種棕色液體，少量使用能殺死溫泉水中的細菌
第 0 族	貴氣體	我是無色氣體，也是元素之中的貴族，由於性格高傲，看不起其他元素，因此也甚少與其他元素來往或發生化學反應。	• 氖、氬：用於填充光管和燈泡內的氣體 • 氬：第 I 族的鈉或銫接觸到空氣時，會起火或爆炸。把它們放入填滿氬氣的密封玻璃管內，便可與空氣隔絕

同一族內的元素有什麼相同和不相同的地方呢？

同族的元素雖然會進行相同的化學反應，但釋放出來的能量卻是完全不同的。例如：第 I 族的鈉和銣接觸到水便會燃燒起來，但銣的燃燒是十分猛烈的，甚至會引致大爆炸！

為什麼同一族的元素可進行相似的化學反應，但不同族的元素所發生的反應卻各有不同呢？

化學家最初只是發現了某些元素有相似的化學反應，便把它們歸類在同一族內。但近代化學家發現了同一族內的元素中，它們的電子在排列上有相似之處，因此推論出電子排列決定了元素會進行哪些化學反應，而相似的電子排列會令元素進行相似的化學反應。

即是同一族的元素有相似的電子排列，那它們的電子排列有什麼地方相似呢？

化學家推斷，第 I 族元素的原子會把 1 個電子放到最近原子外圍的地方，而第 II 族元素的原子會把 2 個電子放到最近原子外圍的地方，如此類推……

化學小達人訓練

如何儲存第 I 族的「火爆」鹼金屬？

為了進行化學實驗，奇龍族學園實驗室購買了鈉金屬，但是屬於第 I 族的鹼金屬是不能碰到水，否則便會與水發生反應，引致火警或爆炸。你會建議實驗室如何儲存這種「火爆」的金屬呢？

第 I 族鹼金屬

鋰

鉀

銣

銫

鈁

鈉

○ A. 儲存在密封的鐵罐內

○ B. 儲存在乾燥的空氣之中

○ C. 儲存在與水不相容的石蠟油內

○ D. 儲存在密封的玻璃瓶子內

暖包也有開關鈕？

今天天氣**異常**寒冷，溫度已跌至攝氏六度！奇洛和多多在這個寒冷的早上，抵擋着**溫暖被窩**的引誘，捱過了穿上**冷冰冰校服**的考驗，迎着寒風，誓要**排除萬難**上學去。在途中，兩人遇見貝莉**單薄**的身影。

貝莉**步履輕盈地**走上前：「洛奇、多多，早晨！嘩，怎麼你們那麼誇張，頭戴**帽子**、頸繫**圍巾**，身上還穿了兩件**羽絨大衣**！你們是要去極地探險嗎？」

奇洛和多多看見貝莉只穿上一件外套和繫上一條圍巾，一點都不怕寒冷似的，兩兄弟都十分驚訝。奇洛忍不住問：「貝莉，你為什麼不怕冷呢？」

貝莉說：「哈哈，因為我有秘密武器——**暖包**！你看，我隨身帶了數個暖包。我還有兩個後備的，本來打算放學時使用，現在就送給你們吧！」

洛奇和多多接過了貝莉的暖包，二話不說便撕開保

護着暖包的**密封包裝袋**，暖包立即發出熱力，把他們温暖起來。奇洛突然感性地説：「我感受到暖包的熱力，也感受到**友情**的温暖啊！」

貝莉聽到後**面紅耳赤**：「……其實，這種熱能是來自**鐵粉**、**氧氣**和水汽之間的**氧化反應**。暖包是一個放了鐵粉末的透氣袋，並以密封包裝，來防止空氣中的氧氣或水汽接觸鐵粉。當我們拆開密封包裝後，氧氣和水汽便隨即進入並穿過透氣袋，產生的氧化反應便會把鐵粉儲存的**化學能量**，變成**熱能**並釋放出來。隨着鐵粉消耗，暖包

也隨之失去熱力。」

鐵粉 ＋ 氧氣 ＋ 水 → 氫氧化鐵 ＋ 熱能

放學時，奇洛衝上前遞給貝莉一個暖烘烘的暖包：「這是今早你送給我的暖包，現在還給你吧！」

「怎麼今早的暖包還會發熱呢？」貝莉驚歎。

奇洛解釋：「暖包的熱力是來自鐵粉的氧化反應，只要阻止氧氣或水汽進入暖包，反應便會停止。那麼剩餘的鐵粉便可以留待放學時繼續發熱了！」

貝莉問：「氧氣和水汽不是在空氣中**無處不在**的嗎？怎樣才可以阻止氧氣和水汽進入暖包呢？」

奇洛回答：「方法很簡單——關掉氧化反應。我把暖包放入密實袋中，這樣空氣便不能進入，密實袋內漸變成一個**缺氧**的環境，沒有了氧氣，氧化反應便停止了。」

貝莉說：「奇洛，你真聰明，為暖包加裝了開關鈕……」

多多忍不住插話：「有沒有關掉肚子餓的方法呢？我已餓得聽不懂你們的話了！」

「好吧！既然有暖包取暖，我們就試試在冬天吃**雪糕**是什麼滋味。讓我來**請客**吧！」貝莉興奮地說。

放熱反應和吸熱反應

　　暖包內的鐵粉、氧氣和水之間的氧化反應是一個放熱反應，把儲存在物質內的能量（化學能）釋放出來，這些能量一般都以熱能的方式釋出。

鐵粉 ＋ 氧氣 ＋ 水 → 氫氧化鐵 ＋ 熱能

　　化學反應除了能令人溫暖外，還能讓我們享受美味的燒烤。燒烤時所用的木炭，它的主要成分是碳，把木炭燃燒時，碳和空氣中的氧氣進行反應，變成二氧化碳，這一個是放熱反應，釋放出來的大量熱能可以烤熟食物。

碳 ＋ 氧氣 → 二氧化碳 ＋ 大量的熱能

　　除了放熱反應，當然還有吸熱反應。最常應用的吸熱反應就是烘焙麵包時採用梳打粉。梳打粉的化學名稱是碳酸氫鈉，它的分解是一個吸熱反應。當碳酸氫鈉粉混入麵粉團後，在焗爐裏吸收熱能，便會在麵粉團內分解成二氧化碳的氣體。麵粉團內充斥着二氧化碳的氣泡，變成有如海綿的結構，因此烘焙出來的麵包便會十分鬆軟。

碳酸氫鈉 ＋ 熱能 → 碳酸鈉 ＋ 二氧化碳 ＋ 水

我可以把鐵磨成粉並放入紙袋內來自製暖包嗎？又或是在暖包中放入更多鐵粉，使暖包更暖嗎？😎

當然可以自製暖包，只是過程相當困難，且在磨鐵的過程中，鐵粉有可能會立即被空氣中的氧氣氧化而失去效用。另外，在暖包中加入更多鐵粉並不會使暖包更暖，但可延長放熱的時間。

我們可以停止一些不理想的化學反應嗎？😨

可以。在現實生活中，氧氣會引起一些麻煩的化學反應，例如令鐵生鏽、令食物變壞。鐵生鏽和食物變壞都是與氧氣反應的例子，如要停止這些反應，方法是移除其中一個參與反應的物質，所以只要令氧氣不能參與反應，鐵不會生鏽，食物也不會變壞。

如果把食物放在密封的袋子中，防止氧氣和食物接觸，那就可以防止氧氣令食物變壞了嗎？那麼我們是不是不再需要雪櫃了呢？😄

雖然密封的袋子確實令食物不能和氧氣接觸，但食物內有一些細菌卻可以在沒有氧氣的情況之下，分解食物並釋放有毒的代謝物，而雪櫃能大大減慢細菌的活躍程度。因此把密封好的食物放入雪櫃中冷藏，便能雙管齊下，令食物可以存放得更久。

化學反應停一停

　　想成為一個化學小達人，你一定要懂得利用化學知識，解決生活上的麻煩事。以下是一些氧氣帶來的麻煩事，請你想想辦法，令相關的化學反應停止。

氧氣帶來的麻煩事	使氧氣無法參與化學反應的方法
令鐵欄柵生鏽	
令蔬果變壞	
令剪刀的接合位置生鏽	

奇洛變成了特務？

考試完結了，同學們聚在一起討論如何慶祝。怎料奇洛突然説：「我有**急事**要辦，你們好好慶祝吧！」

大家還來不及反應，奇洛就已經消失於人羣之中。魯飛打趣説：「奇洛説有急事要辦，難道是他**拉肚子**，急着要到洗手間辦『大事』？」

在旁的多多替哥哥澄清：「魯飛，哥哥真的有急事要辦。他剛才請我帶大家到實驗室參與一個**特務挑戰**。」

大家帶着萬分疑惑來到實驗室，沒見到奇洛的蹤影，只見桌上放了一瓶粉狀的化學品、一瓶蒸餾水和一張紙。紙上寫着：「特務挑戰一：把**硫酸銅(II)**粉末和水混合，觀察顏色變化，找出＿＿＿色的盒子。」

布加按照紙上的指示，把水倒在粉末上，一瞬間呈**白色**的粉末變成了**藍色**。

小寶環視四周，看到窗邊放了四個盒子，她指着藍

色盒子說：「這裏有四個盒子，顏色分別是紅、黃、橙和藍。從剛才的實驗結果判斷，我們要打開藍色的盒子。」

魯飛趕快打開藍色盒子，發現了一顆**熟雞蛋**，便說：「原來奇洛請我們吃雞蛋，可是怎麼只有一顆？」然後急不及待把蛋殼剝掉，想要把雞蛋吃掉。

就在魯飛把雞蛋往嘴巴裏塞之際，大家緊張地叫停了他：「別吃雞蛋！雞蛋上有一些文字啊！」

原來雞蛋上寫着：「特務挑戰二：請各位帶**碘酒**到禮堂。還有，魯飛，別把雞蛋吃掉啊！」

小寶說：「原來盒子內還放了一張字條，上面提示我們要阻止魯飛吃掉雞蛋，因為雞蛋的文字是用白醋寫上去的，之後雞蛋還用硫酸銅溶液煮過。哈哈！魯飛，奇洛真的十分了解你啊！」

大家在一片歡笑聲中來到禮堂，看到禮堂中央的地上放了一張白色卡紙。貝莉把卡紙打開，卻看不見任何提示，這才想起雞蛋上的提示——碘酒。

布加是救傷隊少年團的成員，猜到碘酒可以在急救箱裏找到，於是跑到放置了急救箱的地方，並找到了消毒用的碘酒。

布加想了想：「這張卡紙上一定隱藏了什麼，我們試試把碘酒塗抹在卡紙上，看看會找到什麼？」

果然，卡紙吸收了碘酒後，顯現了一些文字：

大家看到文字後，猜到奇洛的心意，便懷着興奮的心情，向着奇洛和多多的家出發！你又猜到了嗎？

化學小學堂

破解化學反應

化學反應就是一個過程，過程中會有新的物質產生。在本故事中，奇洛應用了三個化學反應來隱藏訊息。它們的原理如下：

挑戰一：無水硫酸銅 (II) 是用於測試水分的存在，本身是白色粉末，吸收了水分後便會變成藍色。

無水硫酸銅 (II) + 水 → 水合硫酸銅 (II)

挑戰二：用沾有白醋（乙酸）的毛筆在蛋殼（含碳酸鈣）上寫字，酸性的白醋會滲入蛋殼內的蛋白，把當中的蛋白質凝固，再用硫酸銅 (II) 溶液把雞蛋煮熟後，熟透的蛋白便會留有痕跡了！

乙酸 + 碳酸鈣 → 乙酸鈣 + 二氧化碳 + 水

挑戰三：預先用檸檬汁把文字寫在卡紙上，檸檬汁含維他命 C（抗壞血酸），很容易被氧化。碘酒內含有碘，能把維他命 C 氧化。發生氧化後，碘會變

成沒有顏色的物質。含有檸檬汁的地方，在進行以上的反應後，物質都變成無色，所以會顯出卡紙本身的白色。但沒有檸檬汁的地方，由於沒有反應，留在卡紙上的碘會令卡紙染成紫色。

抗壞血酸 + 碘 → 去氫抗壞血酸 + 碘化氫

除了用眼睛看，還有其他觀察實驗的化學反應的方法嗎？

硫化鐵和氫氯酸溶液混合後，會釋放出如臭屁般的硫化氫氣體。實驗員都會以嗅到這種臭味，來確定硫化氫的出現。

那麼我們可以用聽覺來觀察實驗的化學反應嗎？

可以。氫氣爆炸時，會發出一聲很尖銳的「卜」聲。如果實驗員要確定某種氣體是氫氣的話，會把少量氣體放入試管內燃燒，如聽到「卜」一聲，就表示該氣體是氫氣了！

我們可以感受到暖包內物質發出的熱能，還有沒有其他觀察熱能釋放的方法呢？

除了可以用觸覺來觀察熱能，我們還可以用溫度計來量度溫度的變化，來確定反應會否釋出熱能。

智破化學反應

1 你解開了隱藏在卡紙上的訊息嗎？

（提示：請從本書第 4-5 頁的元素周期表中找線索。）

15	18	22
磷	氫	鈦
⬇	⬇	⬇
＿＿＿＿	＿＿＿＿	＿＿＿＿

2 請試一試以下小實驗，然後寫出化學反應的各種觀察。

實驗	視覺	聽覺	觸覺	嗅覺
雞蛋放入白醋之中			雞蛋變暖	沒有
把萬樂珠放入可樂之中				嗅到可樂的香味

哪有放屁不臭的道理？

奇洛和多多相約魯飛、伊雪、貝莉和海力一起參加**嘉年華會**。奇洛在攤位買了一個由**氦氣**填充的氣球送給多多，多多高興地拿着氣球，彷彿步履也變得**輕盈**！

至於魯飛嘛，他當然不會放過美食攤位，一口氣買了多款美食，還跟朋友們分享食物。當大家**大快朵頤**之際，魯飛**按捺不住**，「呠」的一聲放了一個**響屁**！

貝莉和伊雪忍不住齊聲嚷：「魯飛，你的屁好臭啊！」

魯飛尷尬地笑説：「屁當然臭，不然怎麼會叫**臭屁**呢！」

奇洛突然想起，氦氣球內的氦氣和臭屁也有相同之處，於是便對大家説：「臭屁這種氣體和氦氣一樣，也是一種喜歡向上升的氣體。簡單來説，由於空氣比氦氣重，**較重**的空氣下沉至地上，而**較輕**的氦氣便會往上升。所以多多的氦氣球會在空中飄盪。氣體的重量常常以**密**

度來描述。」

貝莉說：「我知道什麼是密度，空氣的密度是 1.29 kg/m^3。」

奇洛回應：「對，氣體的密度是以每一立方米氣體的重量來計算。氣體越重，越向下沉。」

伊雪接話：「那不用多說，臭屁*的密度一定是比空氣低，因此臭屁被魯飛放出來之後向上升，才會跑進我們

* 屁的密度大約是 1.05 kg/m^3，因應不同人所製造的屁的成分各有差異，密度亦有所不同。

的鼻子！」

這時奇洛想出了一個「**神不知，鬼不覺**」的放屁大法，他對魯飛說：「以後你在放屁後，便要往離開人羣的方向一直跑，利用跑步製造出一股離開人羣的**氣流**，讓臭屁跟着這股氣流，一邊走，一邊向上升，直至**臭屁**上升至鼻子吸不到的位置。」

魯飛說：「我常常放屁，有了這個方法，就算放出來的屁有多臭也不用擔心了！哈哈哈！」

第二天，魯飛前往教員室找比力克老師，在樓梯的轉角位置卻碰上正在下樓梯的校長、副校長和訓導主任。魯飛**抖擻精神**、有禮地跟他們打招呼：「校長、副校長、主任，早晨。」

校長滿意地說：「魯飛，你很有禮貌！」

可在下一秒，魯飛忍不住放了一個**大臭屁**，當他想轉身下樓梯，製造一股離開人羣的氣流時，卻發現樓梯擠滿了同學們。結果，魯飛的臭屁跑進了各人的鼻子裏！

校長**面有難色**地對副校長和訓導主任說：「看來我們要教導學生放屁的禮儀了！」

密度是什麼？

在故事中，貝莉提及空氣的密度是 1.29 kg/m³，即每一立方米體積的空氣的重量是 1.29 kg。其實，密度就是一立方米物質的重量。試想想你嘗試拿起一立方米的海綿，之後再拿起一立方米的鐵，大小同樣是一立方米，但我們會感受到鐵比海綿重得多，這是因為鐵的原子排列得十分緊密，而海棉的原子卻排列得疏落，原子與原子之間還有很多空間。

不同物質的密度各有不同，以下是一些物質的密度比較。

物質	密度	物質原子間的引力
鐵	7,800 kg/m³	一般而言，所有金屬原子之間的引力都非常巨大。
水	997 kg/m³	液體和氣體原子之間的引力都非常微弱。
氧氣	1.43 kg/m³	
氦氣	0.1347 kg/m³	

鐵

水

氧氣

氦氣

你問我答

大家慣常説的氫氣球，到底是填充了氫氣，還是氦氣呢？😶

大家口中所説的氫氣球實際上是填充了氦氣，這是因為氦氣十分安全，幾乎不會進行任何化學反應。相反，氫氣十分易容引起爆炸（當與空氣混合，並遇上高溫時），所以現在沒有人會用氫氣填充氣球了。

屁的密度是多少？不同人放的屁的密度都一樣嗎？還是越臭的屁，屁的密度越高？😳

在屁的成分中，沒有氣味的空氣和甲烷佔大約 99%，而剩下大約 1% 就是各種引致臭味的氣體，包括硫化氫（臭雞蛋味）、糞臭素（糞便味）、氨（尿味）、胺（魚腥味）和脂肪酸（酸餿味）。在不同人放的屁裏，各種臭氣的含量雖然會有不同，但都只佔整個屁的 1%，就算這 1% 內的成分如何改變，都不會影響整個屁的密度，只會影響屁的臭味級數！😁

我拿起一塊鐵時，已經覺得十分吃力！所有金屬都很重嗎？

不是呢！鐵雖然很重，但密度比鐵還要高的金屬可不少，而密度最高的金屬是鋨。它的密度是 22,600 kg/m³，也是元素周期表中密度最高的元素。可是鋰金屬只有 534 kg/m³，它的密度比水還要低，所以能浮在水面。

液體和氣體的密度

1. 請跟着以下步驟，製作「分層液體樣本」。在一個玻璃杯中，加入 1cm 高的糖漿，再利用滴管，小心翼翼地沿着杯邊，依次序分別把鹽溶液（把食鹽溶於水中）、蒸餾水和油加入杯內，各種物質都只加入約 1cm 的高度，最後，你便可以得到一個由不同密度的液體所形成的分層液體樣本。你知道哪層液體的密度最高，哪層液體的密度最低嗎？

← 油
← 蒸餾水
← 鹽溶液
← 糖漿

2. 在室內發生火警時，很多不幸的死傷者並不是被火燒傷，傷亡的原因反而是與火場內充斥着的有毒一氧化碳及熱空氣有關。一氧化碳能在短時間內引致窒息，而把熱空氣吸入肺部，會把肺部灼傷，令肺部失去功能。其實，這個情況是可以避免或減輕的，提示是熱空氣和一氧化碳的密度都比空氣低。請根據這項資料，判斷如我們不幸在火場中，應該用哪種姿勢來逃生呢？

A. 用平常走動的姿勢來逃生

B. 用半蹲的走路方法前進

C. 在地上爬行，慢慢向出口走

沒有用的卻是最有用？

一年一度的兒童足球盃又到了，今年多多被選中成為火焰隊的正選前鋒，當然全力備戰，而作為哥哥的奇洛也組織了一支龐大的啦啦隊到現場打氣。

球賽甫開始，多多便帶球長驅直進，在禁區前遇上了水龍隊的後防球員，多多與隊友互相短傳，終於把球帶到龍門前。在奇洛的帶領下，啦啦隊叫聲雷動，彷彿全場都叫喊着：「多多！多多！多多！」

此時，水龍隊的後防球員想踢走多多腳下的球，幸好多多身手敏捷，一轉身便避開了，可是卻在着地時失去平衡，跌倒在地上。多多一臉痛苦，原來他扭傷了腳踝，於是教練大喊：「球證，火焰隊要換人！」

多多被送出場外，不能再參與比賽，但是他卻忍着痛楚，留在場邊繼續支持隊友，並不時在場邊提點隊友。

最後比賽結果是，火焰隊和水龍隊打成平手。奇洛

上前問候弟弟，卻聽到多多向隊友説：「對不起，是我**連累**了大家，未能為球隊入球！」

隊長布加安慰多多説：「多多，其實你一直都在參與比賽。因為你的打氣，大家才更投入比賽，並**力保不失**。」

隊友連番安慰，可是多多回家後仍然**悶悶不樂**，於是奇洛説：「今天你的參與，為球隊作出了很大**貢獻**呢！」

多多小聲地説：「我幾乎沒有參與比賽，哪有為球隊作出什麼貢獻。」

這時奇洛拿出了一包薯片説：「這包薯片**脹鼓鼓**的，

裏面除了薯片，還有填滿了整個包裝袋的**氮氣**。氮氣在包裝袋裏沒有任何工作，那你認為氮氣有沒有為薯片作出貢獻呢？」

多多説：「既然沒有工作，氮氣當然沒有為薯片作出貢獻。」

奇洛卻説：「你錯了！空氣中的**氧氣**常常把食物氧化，並助長細菌滋生，使食物變壞。氮氣的長處就是不會進行任何**化學反應**，生產商只要在薯片包裝袋中注入氮氣，取代袋中的空氣，薯片在袋中接觸不到氧氣，保質期便可以延長。」

多多**驚訝地**説：「沒有反應的氮氣原來可防止薯片變壞！」

奇洛補充：「氮氣不參與任何反應，實際上是利用了自己的**長處**，為薯片作出了貢獻。所有物質都有自己的特點，正如每個人也有自己的長處呢！」

多多聽後，明白到自己今天為球隊作出的貢獻是無形的，於是**笑顏逐開**，與奇洛吃起薯片來。

化學小學堂

誰是食物變壞的罪魁禍首？

其實，罪魁禍首存在於四周環境之中，而且是我們看不見的東西——那就是氧氣和微生物。

當食物被微生物（包括細菌和黴菌）污染後，微生物會分解食物中的營養，使自己生長繁殖。食物中的蛋白質、碳水化合物或脂肪都會被分解成毒素，除了會引致食物中毒外，有些毒素更會發出酸臭難聞的氣味。

而對生物十分重要的氧氣，無時無刻都在氧化不同的物質，包括所有金屬、礦石，甚至食物，被氧化後的食物會產生毒素。此外，氧氣有助細菌的生長。在氧氣和細菌共同作用下，食物便會加快變壞。

為了延長保質期，薯片在放入包裝袋之前，會經過高溫殺菌，薯片上已經沒有存活着的細菌，再加上在入袋時會注入氮氣，造成無氧的環境。因此包裝袋密封後，無氧無菌，薯片便不會變壞。

有趣的問題是：以市面上包裝薯片內的薯片體積和氮氣體積來比較，粗略估計氮氣的體積佔了七成，薯片的體積只佔了三成。那你認為你是在買薯片？還是在買氮氣呢？

薯片製造商在哪裏找到氮氣？

空氣是多種氣體的混合物，當中 78% 是氮氣，21% 是氧氣，餘下 1% 是二氧化碳和其他氣體。經過液化空氣分餾的程序，可以分離出純正的氮氣。

氮氣沒有任何反應，有沒有其他氣體跟氮氣一樣可用來保存薯片呢？

元素周期表中的第 0 族是貴氣體，這些氣體都不會進行任何反應，但是它們在地球上的含量較少，價格也相對昂貴。消費者付錢買薯片，只是想吃薯片，不是為了呼吸包裝袋內的貴氣體呢！

氮氣和貴氣體都沒有反應，但後者價格高昂，那麼它們豈不是真的一無是處？

當然不是，以下是貴氣體的各種用途：
氦氣可用來填充飛船、氦氣球，由於它的密度低於空氣，填充後飛船及氦氣球會在空中浮起；氖氣可用來填充舊式廣告牌的霓虹光管。這種光管通電後，可發出鮮豔的色彩；氬氣可填充鎢絲燈泡內的空間，趕走燈泡內的氧氣，防止燈泡內的金屬鎢絲被氧氣氧化及燃燒。

化學小達人訓練

你是貴氣體專家嗎？

① 你知道哪些氣體是貴氣體嗎？

（提示：請從本書第 4-5 頁的元素周期表中找出第 0 族。）

_____

② 古董油畫上的顏料長時間被氧氣不斷氧化，油畫會漸漸褪色。
因此在展出名貴油畫時，為免繼續褪色，油畫會放入一個個填
充了一種氣體的透明箱子裏。如果你是國家藝術館的古董油畫
收藏部門顧問，你會選擇以下哪一種氣體呢？

☐ A. 氧氣　　☐ B. 空氣　　☐ C. 氮氣　　☐ D. 氫氣

③ 氦氣球經常出現在派對中，那麼填充在氦氣球裏的氣體到底是
氫氣還是氦氣？

_____

_____

運用化學知識，
逃出山火？

秋高氣爽，正好郊遊。奇洛、貝莉、海力和伊雪一起行山遠足，不知不覺走到了山頂，山下風光**盡收眼底**。

奇洛指着山下的奇龍族學園説：「原來從山頂看，學園是這麼細小的！」

貝莉也指着山下的一些房子説：「奇洛，那裏是我的家，就在你家附近，**好鄰居**要互相照顧啊！」

當大家還在享受美景之際，清新的空氣混雜着一陣陣燒焦的氣味！海力指着前方説：「你們看，那邊是不是正在舉行**營火會**呢？噢！不，不是營火，是**山火**啊！」

貝莉和伊雪驚呼：「山火？怎麼辦？**救命**啊！」

向來冷靜的海力也慌張起來：「秋天時分，滿地枯草，一下子就會燒起來，我們這次**難逃一劫**了！」

奇洛説：「在危急關頭，大家更加要冷靜，我們一起動動腦筋吧！燃燒是一種化學反應，我們就用化學方法

來解決這次危機吧！」

　　海力深深吸了一口氣，冷靜下來說：「燃燒需要三項條件，分別是**燃料**、**氧氣**和**高溫**，合稱為『**火三角**』。就像三角形的三條邊，缺少一邊都不能合成三角形，因此火三角缺少了一項條件，火也燒不成！」

　　伊雪說：「海力，你這麼說，我更害怕！你看，滿地的枯草就是燃料，氧氣四處都有，而山火也提供了高溫。天啊！這次我們**被困**火三角了！」

奇洛和海力看着眼前的枯草，似乎想到了什麼。奇洛說：「火需要的燃料，就在我們腳下。」

海力續說：「我們不能拿走氧氣和高温，但可以拿走地上的枯草。來，大家分工合作：貝莉，你負責**報警求助**；奇洛和伊雪，我們三人一起拔**枯草**。」

奇洛、伊雪和海力立即拔去四人所在位置的枯草，做成一個沒有枯葉的小圓形地帶。

海力再發號施令：「現在**孤注一擲**，我們一起把喝剩的水，灑到小圓形地帶周邊的枯草吧！記着，我們要靠在一起，留在這個圓形的中央。」

在眾人的合作下，小圓形地帶變得光禿禿。眾人屏息靜氣地等待着，幸好火焰在小圓形地帶的外圍停下來，沒有**蔓延**至圓形內，而圓形外的枯草逐漸被燒光，火勢也漸漸減弱。這時，消防救援直升機也來到了，把奇洛、貝莉、海力和伊雪帶到安全的地方。

四人逃出生天**相擁而泣**，同時也為自己的**化學知識**、勇氣與團隊精神而驕傲！

化學小學堂

滅火原理——逆向運用「火三角」

「火三角」說明了火形成的三項必需條件。滅火就是要阻止火三角的形成，方法就是拿走「火三角」中的其中一項條件。在故事中，枯草是一種燃料，把枯草拔掉就是移除火三角中的燃料，而在枯草上灑水，就是把溫度降低，移除高溫。在現實生活中，當大廈發生火警時，消防員會向大廈射水，這是利用水來進行冷卻，也是移走高溫的做法。

除了用水滅火外，還可以用滅火筒滅火。在不同的情況下，我們應該選用不同種類的滅火筒。如果選錯了滅火筒，除了不能滅火外，還可能令火勢蔓延。下表介紹常見的滅火筒類型：

滅火筒類型	適合使用的情況	原理
二氧化碳滅火筒	由電器設備、易燃液體或紙張引起的火警，或在密閉地方發生的火警。	二氧化碳有降溫或驅散氧氣的效果。
水劑滅火筒	正在燃燒的木料、棉布或紙張	噴射出來的水可使燃料降溫。
乾粉滅火筒	撲滅大多數情況的火警，包括由易燃液體、金屬品或電氣所引起的火警。	乾粉可覆蓋着燃料，使燃料不能接觸氧氣。
泡沫化學式滅火筒	燃燒中的易燃液體	泡沫可覆蓋着燃料，使燃料不能接觸氧氣。

向燃燒中的燃料射水，可以把燃料的溫度下降，這種做法就是拿走「火三角」中的「高溫」。如果家中的電器因為溫度過高而起火，我們可以用水來弄熄火種嗎？

不可以。電器的溫度過高，通常是因為短路而引起，短路就是電器不正常地讓強大電流通過而引致的，這個強大的電流令電器會產生高溫。由於水中的雜質是良好的導電體，向電器潑水，有機會令電器短路的情況更嚴重，令火勢更猛烈。

如果在家中炒菜時，鐵鍋內的食物突然起火，我們應該向鐵鍋內潑水嗎？

不可以。其實，食物的油分也是燃料，在高溫之下油很容易被燃燒起來。再加上油的密度比水低，向油潑水，燃燒中的油會浮在水上，但繼續保持着燃燒。所以，最好的方法是蓋上鍋蓋，讓氧氣不能進入鐵鍋內，「火三角」的氧氣被移除了，火便會熄滅。

為什麼在新聞報導中出現的大型山火，消防員會把山上的樹木鋸掉呢？

由於大型山火所涉及的範圍太廣，不能單靠射水來救火，所以消防員移除山上的樹木，目的是移走「火三角」的燃料。

滅火有法！

你能分析以下三種滅火的方法，是移除了「火三角」的哪項條件嗎？

1 移走燒烤爐內未燒着的炭，最後營火自行熄滅。

☐ 燃料
☐ 氧氣
☐ 高溫

2 吹熄生日蛋糕上的蠟燭。

☐ 燃料
☐ 氧氣
☐ 高溫

3 把弄濕了的毛巾覆蓋在起火的毛公仔上。

☐ 燃料
☐ 氧氣
☐ 高溫

酸與鹼的中和反應
刷牙也有化學反應?

奇洛留意到多多一整天**悶悶不樂**,便問:「多多,你怎麼了?跟朋友吵架了嗎?」

多多**楚楚可憐**地說:「我的牙齒很痛啊!」

原本想安慰弟弟的奇洛忍不住說:「誰叫你睡前不刷牙呢!現在終於有**蛀牙**了!」

多多委屈地說:「真的好痛啊!你怎麼知道是蛀牙呢?我口裏又沒有**蛀牙蟲**!」

奇洛說:「蛀牙跟蟲子沒有關係的。蛀牙其實是一種**化學反應**,當你吃完東西又沒有把牙齒刷乾淨時,口腔內的**細菌**便開始吃東西了!細菌吃什麼呢?就是殘留在你口腔內的食物。」

多多問:「細菌吃的是食物,又不是我的牙齒,為什麼我的牙齒會被侵蝕?」

奇洛說:「對,細菌沒有吃你的牙齒,不過它們把

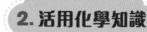

食物**分解**後，會產生**酸性物質**，而這些酸性物質會侵蝕你的牙齒。其實，酸性物質有很多種，例如檸檬汁和橙汁都是酸性的，不過果汁的酸性不高，正常飲用是不會侵蝕牙齒的。」

多多追問：「為什麼酸性物質會侵蝕我的牙齒呢？我的牙齒很好『吃』嗎？」

奇洛笑着說：「牙齒的表面有一層**琺瑯質**，主要成

分是**鈣化合物**，那是一種**鹼性物質**，性質剛好和酸性相反。當酸和鹼相遇時，就會發生**中和反應**，把牙齒上的鈣化合物變成可溶於水的物質，並溶解於唾液之中。」

多多説：「這樣説，蛀牙只會在牙齒表面上進行，但為何我的牙痛卻是**痛入心脾**呢？」

奇洛耐心地解釋：「最初，蛀牙只在牙齒表面上進行，容易被忽略。但時間久了，蛀牙開始形成**牙洞**，並漸漸深入至牙的內部，傷及**血管和神經**，細菌亦會感染牙齒的內部引起**發炎**，到了這個階段你才會感到痛楚。」

多多驚慌地説：「牙齒上出現了牙洞？太可怕了！有什麼解決方法呢？」

奇洛安撫多多説：「當然是每天早上和晚上用**牙膏**刷牙，利用牙膏的鹼性把酸性物質中和。不過，你的牙齒被蛀掉了，就得請**牙醫**處理。」

「牙……醫！」多多驚叫起來。

奇洛拍拍多多的肩膀説：「牙齒修補好了，才可以繼續吃美味的食物。來，我們一起找媽媽帶你看牙醫吧！」

化學小學堂

什麼是酸鹼中和？

中和是一種化學反應，由於酸和鹼的性質相反，酸鹼相遇時，兩者便互相抵消對方的影響。刷牙並不單單是刷掉牙齒上的食物殘渣，還要配合牙膏一起使用，因為牙膏內含有很多鹼性物質，包括氫氧化鋁、碳酸鈣、磷酸氫鈣等，這些物質能中和細菌的酸性，令酸性物質被消耗，失去侵蝕牙齒的能力。

當我們被蚊子釘咬時，蚊子會在我們的皮膚上分泌出蟻酸，皮膚吸收了蟻酸，會令我們感到痕癢。要決解蚊釘痕癢的煩惱，可以在患處塗抹鹼性物質，例如肥皂水、鹼性藥膏、梳打粉等，中和蟻酸，這樣痕癢便會消失。

酸性和鹼性的物質都有一定程度的腐蝕性，如濃度不高，一般是沒有危險的。若要處理高濃度的酸或鹼，就要帶上膠手套，保護皮膚，並且小心使用。

在日常生活中還有哪些常見的酸性和鹼性物質呢？

常見的酸性物質包括：汽水（含碳酸）、橙汁、檸檬汁、白醋、茄汁，以及清潔廁具用的潔水（高濃度的氫氯酸）；而常見的鹼性物質包括：通渠用的哥士的（氫氧化鈉）、漂白水及玻璃清潔液（氨水）。

酸性和鹼性物質都具腐蝕性，如果我在使用高濃度的酸或鹼來清潔家居時，不慎被濺到皮膚上，那我應該用性質相反的酸或鹼來中和皮膚上的物質嗎？

千萬不可，因為酸和鹼的中和反應會釋放大量熱能。如皮膚上的酸屬高濃度的話，用鹼來進行中和時，便會放出更多熱能，皮膚會因此被灼傷。最好的處理方法就是用大量的水沖洗皮膚上的酸或鹼，這樣水便會把物質稀釋及沖走。

酸性的飲品如橙汁、檸檬汁，可以用來飲用，那有沒有鹼性的食物呢？

有，雲吞麵內的麵條含有鹼水，它的成分是碳酸鈉、碳酸鉀氨或氨水，能令麵條裏的蛋白質產生變化，使麵條更富有彈性，並令麵條染成黃色，讓它看起來更好吃。

化學小達人訓練

酸鹼物質分一分

你知道以下的東西是酸性還是鹼性嗎？請你看一看布加提供的提示，然後作出判斷吧！

1

洗潔精

☐ 酸性
☐ 鹼性

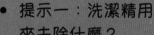
- 提示一：洗潔精用來去除什麼？
- 提示二：乳酪是什麼味道的？
- 提示三：牙齒表面的琺瑯質會被什麼性質的物質侵蝕？

2

乳酪

☐ 酸性
☐ 鹼性

3

唾液

☐ 酸性
☐ 鹼性

即食懶人火鍋，熱從哪裏來？

上課期間，空氣中突然瀰漫着一陣**麻辣**香氣，真奇怪！老師循着氣味的來源，一步一步走近魯飛的座位。這時魯飛低下頭，老實地從桌子下方拿出一盒拆開了麻辣調味包的**即食懶人火鍋**，他咕嚕着：「老師，不好意思，我今早趕不及吃早餐，現在肚子很餓呢！」

「魯飛，你太誇張了吧，竟然打算在課堂上吃**自煮火鍋**！」奇洛笑着說。

「我還沒開始煮啊！」魯飛**抗議**道。

「魯飛，看來你真的餓壞了。麻辣的氣味這麼**濃烈**，誰會嗅不到呢？」老師說。

「老師，這個是我早幾天買的即食懶人火鍋，一直放在書包裏，剛才翻開書包找食物時，給我發現了，叫我怎樣**抗拒**不吃……」

「看在你**從實招來**，這次就不責罰你。作為你的科

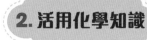

學老師，我也不得不讚賞你在沒有工具的情況下，選了一個最方便、最適合的**煮食方法**。現在就讓我藉此機會向大家介紹即食懶人火鍋背後的**科學原理**吧！」老師邊說邊拿走魯飛的麻辣火鍋。

「老師⋯⋯嗚⋯⋯」魯飛**欲言又止**。

「這類即食懶人火鍋的設計是把兩個膠碗子疊在一起，只要把水和這一包**加熱物料**放在兩個碗子的夾層之中，水和加熱物料內的化學物質便會進行**化學反應**，釋出**大量熱能**！」老師邊說邊把水倒入兩個膠碗子之間。

「啊，火鍋正在**冒煙**呢！」奇洛說。

「這個時候是很危險的，因為火鍋釋出的熱力足以把食物和湯料加熱，不小心的話，還會**燙傷**皮膚呢！現在我們就按包裝上的指示，等候 **15 分鐘**讓食物加熱。」

15 分鐘後，魯飛說：「老師……可以吃了！」

老師說：「好，大家來嘗嘗，我為大家準備了餐具。魯飛，請你排在最後。」

「老師！嗚……」魯飛再次止住了話。

海力說：「原來可以這樣利用化學反應來把食物加熱。如果把加熱物料放入**被窩**之中，就可以令被窩發熱呢！」

老師提醒道：「這樣做會十分危險，而且反應完結後，熱力便會消失。海力，你得考慮安全方面的問題。」

奇洛忽發奇想說：「老師，我也有一個發明，就是即用懶人**溫泉**，原理和即食懶人火鍋一模一樣。」

老師笑着問：「奇洛，我很欣賞你的創意，不過直接開啟**熱水爐**會不會更方便、快捷呢？」

懶人火鍋的加熱物料裏有什麼？

即食懶人火鍋的加熱物料的成分一般如下：碳酸鈉、矽膠（又名硅藻土）、鐵粉、鋁粉、焦炭粉、活性炭、鹽和氧化鈣（又名生石灰）。

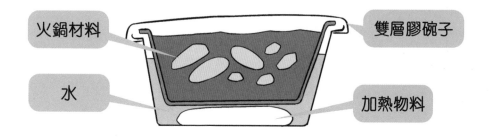

火鍋材料　　　　　　　　　雙層膠碗子

水　　　　　　　　　　　加熱物料

當加熱物料中的氧化鈣遇上常溫的水，便會釋放出高熱的化學反應。

氧化鈣 + 水 → 氫氧化鈣 + 大量的熱能

而焦炭粉有吸收氧氣的作用，當氧氣被吸收後，會與鐵粉發生化學反應，放出高熱。

氧 + 鐵 + 水 → 水合氧化鐵 + 大量的熱能

鋁粉和氧化鐵的化學反應，以及其他在加熱物料內會進行的化學反應，都能釋出熱能，加上矽膠強而有力的吸收水分功能，吸走過量的水分，減少了水分的冷卻作用，令物料維持高溫。

即食懶人火鍋十分方便，只要加水便能加熱食物。這個加熱方法適合媽媽用於日常煮食嗎？😊

不適合，因為加熱物料的放熱時間和熱力，與它的分量有關，一般即食懶人火鍋的加熱物料可維持約 10 多分鐘的熱力，最高溫度可超過攝氏 100 度，但這個時間與溫度，遠遠未及得上日常煮食的需要呢！

這樣說來，即食懶人火鍋的熱力不算太高，那麼我們享用懶人火鍋時應該不會有危險吧？

如果根據包裝上的指示使用，基本上是安全的，只要確保自己不會用手拿着正在放熱的即食懶人火鍋，以及牽起蓋子時小心噴出來的蒸氣，並小心棄置使用後的加熱物料，一般都不會有危險的。😎

即食懶人火鍋利用了放熱反應，那麼有沒有一些化學反應可應用在保持食物冷凍呢？😊

雖然有些化學反應能吸收熱能，使環境變冷，但用於製造出能保存食物的冷凍環境卻是不常見的。但在製造麵包的時候，我們會使用一種喜歡吸熱的物質，就是加在麵團裏的梳打粉，當麵團在焗爐內烘培時，梳打粉會吸收熱力，並分解成氣體的二氧化碳，這樣麵團內會產生無數二氧化碳小孔，令麵團由黏黏的逐漸變得鬆軟無比的。

安全食用即食懶人火鍋

即食懶人火鍋讓魯飛可以隨時享用熱騰騰的食物，真是十分方便。可是，由於火鍋內的加熱物料能產生高溫，你認為以下哪些做法是不對的呢？

1 為了令火鍋更熱、吃起來更美味，我把加熱物料放到熱水裏，令它的放熱反應更劇烈。

☐ 對
☐ 不對

2 把正在加熱的懶人火鍋放在玻璃桌上，等候享用。

☐ 對
☐ 不對

3 把剛完成加熱的懶人火鍋的蓋子打開，享用火鍋美食。

☐ 對
☐ 不對

化妝品和衣服竟然是石油？

今天是主題學習日，題目是「一人一個冷知識」，老師請同學們輪流在班上分享。博覽羣書的海力首先分享：「原來月球圍繞地球行走的速度，與**子彈**的速度相若；而地球圍繞太陽行走的速度，更比子彈快得多，可是我們卻感覺不到什麼，沒有因此高速而感到『**暈車**』……」

然後，貝莉分享與恐龍相關的知識：「我們身體中的水分，有機會是來自**恐龍**身上的血液。可想而知，組成我們身體的物質是有多**古老**……」

壓軸分享的是奇洛，他說：「我要分享的冷知識是——**塗在臉上、穿在身上、吃進肚子的石油。**」他還沒入正題，同學們的嘩然之聲**此起彼落**。奇洛續說：「石油除了是一種重要的**燃料**，還可以製成各種物品。在我們各人身上，總能找到與石油相關的物品：在化

妝時，我們會把石油塗在臉上；天氣乾燥時，我們也會在臉上和身上塗上石油，防止皮膚缺水。總之，我們日常都會『塗上』石油、『穿上』石油和『進食』石油。」

大家不禁想像身上被石油塗黑了的樣子，把石油倒在身上當衣服穿的情況，還有飲用石油的味道，這種種想像都令人感到不安！伊雪大喊：「怎會有人這樣做呢？太**噁心**了！」

奇洛解釋道：「大家放心，我不是說把石油直接塗在臉上、穿在身上或吃進肚子，而是指許多**日常生活用**

品，如：化妝品、潤膚霜、藥物、食物添加劑、塑膠水瓶、化纖布料等的原材料都是來自石油。」

伊雪問：「石油黑漆漆的，怎可能是各種日常生活用品的原材料呢？」

奇洛翻開從圖書館借閱的參考書，說：「石油是多種**碳氫化合物**的**混合物**，碳氫化合物是由**碳**和**氫**兩種元素所組成的。各種碳氫化合物的分子體積大小不一，石油經過**提煉**，便可以把不同大小的碳氫化合物分離，按照分子體積的大小可作為不同產品的原材料。體積較小的可作為燃料，如：石油氣、汽油等；體積較大的可生產成不同物品，如：化妝品、潤膚霜、藥物、食物添加劑等……」

同學們分享的奇聞趣事令彼此**大開眼界**，更長了不少知識。最後，老師總結：「今天各人準備的內容都十分精彩，為了獎勵各位，老師會送給每位一份比**恐龍**還要老、年齡跟地球相同的禮物，那就是──」當眾人期待之際，老師揭曉：「地上的**石頭**了！」

化學小學堂

石油是液體黃金？

　　經過提煉後的石油可以成為多種產品或產品的原材料，因此石油是具有很高價值的物質，被稱為「液體黃金」。以下列出一些由石油提煉而成的產品：

燃料	大部分的石油會被提煉成不同的燃料，例如汽車用的汽油，飛機用的煤油，重型機器或貨車用的柴油，的士、小巴或煮食時用的液化石油氣，輪船用的燃料油等。
塑膠	我們生活上常會使用到塑膠物品，例如電器的外殼、膠袋、球鞋等。
瀝青	瀝青是常用於覆蓋馬路表面的黑色物料，有鋪平道路及減少噪音的效果。
布料	只有部分衣服是由天然物料（例如棉）製成的，大部分的布料，例如聚酯、尼龍和滌綸，都是由石油產品製成的。
藥物	很多藥物的原材料也是從石油提煉得來的。
化妝品	無論是製成唇膏的蠟或是紅色顏料，也都來自石油。香水、潤膚霜和卸妝液的原材料也是來自石油。

你問我答

原來石油是「液體黃金」，那麼我可以用什麼方法來合成石油，讓我賺取第一桶黃金呢？ 💰

石油是由數億年前海洋動植物遺骸形成的，這些遺骸一直被壓在泥土之中，經過數億年的細菌分解，並在高壓中慢慢轉化，最後才變成石油。所以即使有方法自行合成石油，也需時數億年呢！ 😊

既然要數億年才可以製造出新的石油，一旦地球上的石油用完了，我們能及時製造出更多燃料嗎？

這個問題稱為「能源危機」，以目前消耗石油的速度來計算，地球上石油的蘊藏量只足夠使用約 110 年。由於石油不能在短時間內生產出來，屬於不可再生的天然資源，一旦這種不可再生資源耗盡，多種交通工具便失去燃料，我們更會失去生產多種日常用品的原材料。

我們可以怎樣做才能避免「能源危機」？ 🐔

「能源危機」是源於我們過度依賴石油，只要我們改變消費習慣，如：減少使用塑膠製品，便可減慢消耗石油的速度。我們更可改用綠色能源，例如風力、太陽能或水力發電。

化學小達人訓練

解決能源危機

我們只要在生活上作出一些小改變，使可以協助解決「能源危機」，例如使用布製的環保購物袋，取代即棄膠袋。請你在下列的日常情況中，建議一些能有效減少消耗石油原材料的做法。

日常情況	使用的石油產品	有助減少消耗石油原材料的做法
在學校午膳時，享用午餐。	即棄膠餐具	
飲用膠樽裝的果汁或汽水。	即棄膠樽	
發現自己很久沒有玩過的模型或玩具。	玩具的塑膠部分	

鹽可調味，更可種出結晶樹？

一星期後就是奇龍族學園一年一度的**聖誕派對**，奇洛、魯飛、貝莉、伊雪、小寶和布加正在商量如何佈置派對的場地。

「這裏放置一些**聖誕樹**吧。」貝莉提議。

「窗邊可掛上**聖誕襪**。」布加建議。

「**薑餅人**可以掛在聖誕樹上，也可以放進聖誕襪裏！越多薑餅人越好，那我肚子餓的時候便有東西可吃！」魯飛笑着說。

「魯飛，這些薑餅人是**裝飾品**，不是給你吃的**餅乾**啊！」貝莉說。

奇洛撓撓頭說：「大家的建議都很好，可是每年的布置都差不多，欠缺了一些**新意**。大家有沒有新想法呢？」

「有！我喜歡雪，但我卻從未親身體驗過**下雪**！有沒有辦法用雪來布置場地呢？」伊雪幻想着說。

「用雪來布置？會溶掉的！不如用**食鹽**來代替吧！鹽才不會溶！」魯飛提議。

「魯飛的建議真不錯！不過要把大量鹽到處灑，才能夠營造下雪的效果，這會很**浪費**食鹽呢！」小寶苦惱地說。

「我想到個好主意！不如我們用鹽種植出如雪般潔白的**結晶樹**吧！」奇洛説。

「怎樣種出來？」大家異口同聲地問。

奇洛介紹：「首先把過濾紙剪成『樹』的形狀，再放在由食鹽和水混合而成的鹽水上，兩三天後『樹』便會長出雪白的『樹葉』了！」

「這麼容易？」大家再次異口同聲地問。

「過濾紙怎麼會長出樹葉呢？它又不是植物！」魯飛不解地問。

奇洛耐心地解釋：「其實，那些雪白的『樹葉』是鹽的結晶體，因為鹽的粒子有序地在過濾紙上排列起來，便形成獨特形狀的結晶樹了！」

「如果派對現場放置了大大小小的雪白結晶樹，大家便可以度過一個白色聖誕了！」伊雪開心地說。

「一顆細小的結晶樹需要兩三天的生長時間，那麼……」布加念念有詞。

奇洛迫不及待地說：「不用計算了！我們快些開始工作，爭取時間，趕製大量的雪白結晶樹吧！」

化學小學堂

食鹽為何能結出結晶樹？

　　食鹽是一種結晶體，它的化學名稱是氯化鈉。氯化鈉是一種離子化合物，由氯離子和鈉離子組成。由於氯離子和鈉離子分別帶着負電荷和正電荷，在正負互相吸引的原則下，氯離子和鈉離子便會有條理、有規律地排列起來，並形成獨特的形狀。

食鹽的結晶體

　　能做成結晶體的離子化合物還有很多種，由於它們會產生其他顏色，所以它們會出現在顏料或名貴的寶石裏，例子如下：

離子化合物	正離子	負離子	結晶的顏色
硫酸銅（II）	銅（II）離子	硫酸根離子	藍色
氯化鐵（II）	鐵（II）離子	氯離子	淺綠色
硫酸鐵（III）	鐵（III）離子	硫酸根離子	黃色

結晶樹上的結晶體很美麗，但為什麼一碰到結晶，結晶便會碎掉呢？😣

這是因為離子化合物的排列是正離子和負離子互相交錯排列而成，當我們碰到結晶體，正離子和負離子交錯的排列便會移位，令正離子或負離子碰到與自己相同電荷的離子，在相同電荷互相排斥的原則下，離子互相排斥，便會令結晶體的結構崩解。

我們有沒有辦法令結晶樹的顏色變得豐富，看起來更美麗呢？🤔

當然可以，只要在製作時加入食用色素，食用色素會滲入濾紙和鹽結晶之中，把結晶染色。你還可利用本章「化學小學堂」提及到的離子化合物來製作結晶樹，不過這些化合物都要在化工原料廠才可以買到。

製作結晶樹

你覺得結晶樹美麗嗎？一起來製作結晶樹吧！

材料及工具：

大量鹽，20ml 水，數張過濾紙，一把剪刀，一個杯子，一個淺盤

步驟：

1. 準備一杯超高濃度的鹽溶液。在大約 20 ml 的水中，加入食鹽並攪拌，當食鹽溶掉後，再次加入食鹽和攪拌，直至溶液不能再溶解更多食鹽為止。這個時候，溶液中的水分子就好像搬運工人，把鹽的粒子背在身上。

2. 把過濾紙剪成樹的形狀，並放在鹽溶液上，讓過濾紙的底部浸在溶液之中，過濾紙會把鹽水向上吸收，水分子會一路背着鹽粒子，一路向上走。

3. 兩三天後，過濾紙上會生長出雪白的「樹葉」。這是因為當背着鹽粒子的水分子在過濾紙中向上走的時候，水分子會因蒸發而散失到空氣之中，而鹽粒子便會留在過濾紙上了。越來越多鹽粒子被留在過濾紙上，「樹」上會開始出現越來越大顆的鹽晶體。由於食鹽是白色的，雪白的結晶樹就開始形成了！

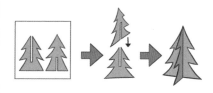

脂肪的化學

自己皮膚自己救，處理皮膚敏感有辦法！

母親節快到了，貝莉相約伊雪和小寶，商討送什麼**禮物**給媽媽，讓她們覺得又實用又驚喜。

伊雪指着貝莉手上的袋子說：「貝莉，你的手袋很好看啊！」

「這是我的 **DIY 作品**，DIY 是 Do It Yourself，即自製的意思，我上年也自製了一個手袋送給媽媽呢！今年的母親節禮物自製什麼才好呢？」貝莉說。

伊雪苦惱地說：「我也有自製禮物送給媽媽呢！我之前送過**康乃馨紙花、手作蛋糕、手作小飾物**等送給媽媽！現在真的想不出主意了！」

「原來你們每年都花了這樣多心思製作母親節禮物，這令我很慚愧呢！我不能製作 DIY 手工，因為 DIY 手工常用到的膠水、顏料、物料等，都會令我**皮膚敏感**，出現紅疹，十分痕癢呢！」小寶低着頭說。

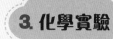

「聽說 DIY 手工常用的材料，一般含有多種**工業用的化學物質**，很可能是導致你皮膚敏感的原因。此外，很多工廠為了改良產品，生產時會在物料中加入不同的化學物質，連清潔用的**梘液**都不能幸免。市面上買到的梘液大多含有**香味劑**、**色素**和**防腐劑**，這些化學物質容易引起皮膚敏感呢！」貝莉説。

「我豈不是不能洗澡？那我乾脆做隻臭臭豬吧！」小寶苦笑着説。

「小寶，別擔心。我在網上搜尋 DIY 手作時，無意中找到製作 **DIY 肥皂** 的資料，這些肥皂在製作時並不會加入防腐劑、香味劑等，成分是**純天然**的，相信有助解決你皮膚敏感的問題。」貝莉説。

「我也想試試 DIY 肥皂，一方面可以解決自己的皮膚敏感，另一方面更可以送給媽媽作為母親節禮物，**一舉兩得**！」小寶興奮地説。

貝莉點點頭説：「那我們就做 DIY 肥皂吧！根據搜尋到的資料，我們要準備植物油、**哥士的**、圍裙及手套，

以及一些廚房器皿和用具。不過，由於哥士的是**腐蝕性化學品**，使用時要有成人指導才能確保安全。」

「那就找老師**協助**我們吧！」伊雪提議。

「贊成！」

隔天，在老師的指導下，三人一起製作不含人工化學成分的純天然肥皂，過程就像烘焙蛋糕一樣，十分有趣，而且沒有難度呢！

化學小學堂

肥皂的清潔原理

　　要了解肥皂的清潔原理，便要由油（或脂肪）開始說起。油或脂肪是同一類物質，不同之處在於油必定是液體，而不論是液體或是固體，都可以稱為脂肪。脂肪是一個由非金屬元素硬脂酸和甘油組成的化合物，這類化合物的粒子又稱為分子。

　　脂肪之中的硬脂酸就是肥皂的主要成分，只要把脂肪分子的硬脂酸和甘油拆開，就能製成肥皂了！這個把脂肪分解的化學過程稱為「皂化作用」，由鹼性物質（如：哥士的，又名氫氧化鈉）負責進行分解，在分解過程中硬脂酸會變成硬脂酸鈉。

皂化作用：油或脂肪 + 哥士的 → 甘油 + 硬脂酸鈉

　　「皂化作用」完結後，我們便可得到甘油和硬脂酸鈉。甘油具有滋潤皮膚的作用，而硬脂酸鈉是十分容易溶於水中，但最特別的地方是它同時具有親水性和疏水性兩種性質。即是硬脂酸鈉喜歡溶於油分之中（疏水性），但又同時溶於水分之中（親水性）。由於我們身上的污垢大都是由油脂構成的，當硬脂酸鈉溶於油脂污垢時，硬脂酸鈉和油脂污垢的混合物便能溶於水中，更可以被水沖走，這樣，我們就很容易地把油脂污垢清除了！

商人為何要在產品中加入對我們身體有害的化學物質呢？

商人並不是故意在產品中加入有害物質，他們只是為了令產品更吸引消費者，並防止微生物在產品中滋生，才會把防腐劑、香味劑、色素等加入產品。然而，各人在接觸到添加劑後的反應不一，有些人不會出現任何不適，有些卻會出現皮膚敏感，有些甚至會出現過敏反應。

如果我想令自己的樣子更好看、皮膚更好，在使用清潔用品時要注意什麼呢？

界面活性劑如月桂基硫酸鈉（SLS）或十二烷基聚氧乙醚硫酸鈉（SLES）具有強力的去油功能，我們要避免在面部使用含有這類物質的產品，因為皮膚上的油脂有保存皮膚水分和防止細菌入侵的作用，如把這層油脂完全洗掉，會很容易使面上的皮膚乾燥、出現暗瘡或加速皮膚老化。

有沒有天然的材料是有護膚的作用呢？

其實每天用清水洗臉，對面上皮膚的保養十分有效，因為清水可幫助除去多餘的油脂分泌，但又不會把油脂完全清除，保存了油脂保護皮膚的效果。

自製萬能清潔劑

在了解過 DIY 肥皂的清潔效果後，相信你也有興趣自製一些清潔劑。現在就介紹一種簡單又有效的萬能清潔劑——梳打粉。

梳打粉的化學名稱是碳酸氫鈉（$NaHCO_3$），是一種鹼性物質，常用於烘培麵包的過程，使麵包變得鬆軟。原來它有很好的去除油脂效能。在本章的化學小學堂也解釋過，油或脂肪都會被鹼性物質分解（皂化作用），若把梳打粉直接灑在焗爐內的油脂上，或把梳打粉與清水的混合物噴灑在油脂上，也有去除油污的效果。只要在油污上施加梳打粉或梳打粉溶液，等候數分鐘，待梳打粉把那些油污分解成甘油和硬脂酸鈉後，便可用清水抹去分解後的物質。

梳打粉可在超級市場購買，建議可同時購買噴壺，這樣就可以把梳打粉和清水的混合物放在噴壺內備用。

碳酸鈣的化學

跟著雞蛋學跳舞？

奇洛向多多訴苦：「下星期便舉行**奇龍族學園舞會**了，可是我完全沒有**舞蹈天分**，注定要在舞會上出醜了！多多，你懂得跳舞嗎？」

多多開朗地說：「我當然懂！看我的表演吧！」說畢便**手舞足蹈**起來。

多多那奇特的舞姿令奇洛看得**傻眼**了，奇洛笑着說：「這真是舞蹈嗎？我還以為你突然發瘋了！如果我跳這種舞蹈，必定會**出醜**的！」

多多疑惑地問：「我的舞姿很奇怪嗎？不然，我們可向**雞蛋**學習呀！雞蛋也懂跳舞，沒理由我們學不來！」

奇洛摸摸多多的前額說：「多多，你是不是生病了，怎麼**胡言亂語**呢？雞蛋又怎會跳舞？」

多多抗議：「才不是！我在科學堂上親眼見過會跳舞的雞蛋，讓我來示範給你看。」說畢便請媽媽預備了一

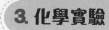

隻煮熟了連殼雞蛋和一杯白醋，然後趁着雞蛋還有餘溫的時候放進白醋之中。

多多請奇洛觀看白醋中的連殼雞蛋，果然杯子中的雞蛋在上下跳動，很有節奏感！多多充滿自信地說：「跳舞就是有節奏的動作，你看，雞蛋按着自己的節拍在跳動。所以我才跟你說，我們可以跟着雞蛋跳動的方法來練習，直至掌握到節奏感為止。」

經過數小時的練習後，奇洛說：「雖然練習令人疲累，但我覺得自己好像掌握到節奏感了！咦，不過為什麼雞蛋此刻停止了跳動呢？」

多多轉述自己在課堂上學習到的新知識：「老師說，這是因為化學反應停止了。雞蛋殼上含有碳酸鈣，當碳酸鈣遇上酸性的白醋便會發生化學反應，製造出向上升的氣體——二氧化碳，當大量二氧化碳累積在雞蛋的下方，雞蛋便會被氣體抬起來，並在白醋中向上升起。上升後，雞蛋本身的重量又會把氣體壓走，於是又掉下來。如是者，雞蛋便會在白醋中上下跳動。但是，當蛋殼內含有

的碳酸鈣都被白醋**消耗**後，化學反應便停止，也代表雞蛋不再跳動了。」

奇洛說：「原來如此，謝謝你和這顆雞蛋的指導。」

舞會終於舉行了，奇洛和多多來到舞會場地，**迫不及待地**在眾人面前展示苦練的成果。奇洛自信地說：「各位，讓我和多多表演招牌舞蹈——**雞蛋舞**，給你們看看吧！」

眾人看着奇洛和多多那令人摸不着頭腦的雞蛋舞，一時之間熱鬧的舞池變得**鴉雀無聲**……

化學小學堂

碳酸鈣的敵人——酸雨

雞蛋殼含有碳酸鈣，它令蛋殼有一定的硬度，而且它不溶於水，令蛋殼成為一層具保護性的硬殼。可是，當它接觸到酸性物質（如：白醋），碳酸鈣便會變成氣體和能溶於水的物質。在故事中，由於多多用了剛剛煮熟的雞蛋，雞蛋的熱力會加速白醋與碳酸鈣的反應，令大量的二碳化碳能更快積聚在雞蛋的底部，使雞蛋上下跳動的動作更明顯。

碳酸鈣 ＋ 白醋 → 二氧化碳 ＋ 鹽 ＋ 水

其實，不只雞蛋殼含有碳酸鈣，大理石和石灰石也含有碳酸鈣，石灰石是混凝土的其中一種成分，大理石也常常在世界各地的旅遊景點中出現，例如：印度的泰姬陵和希臘的巴特隆神殿，整座建築也是用雪白的大理石建成，因此，它們也很怕遇上酸性物質，例如酸雨。

除了白醋外，還有哪些物質可以令雞蛋「跳舞」呢？

任何酸性溶液也可以令碳酸鈣反應，產生二氧化碳。只要到超級市場購買食用級檸檬酸粉，把酸粉溶解在水中，濃度夠高的話，也可以做到令雞蛋「跳舞」的效果。

為什麼酸雨是酸的？如果沒有帶雨傘，當我們被酸雨淋濕後，會不會被酸雨腐蝕呢？

酸雨是由空氣污染物所引致的，這些空氣污染物來自汽車、工廠和發電廠的廢氣，含有二氧化硫和二氧化氮。當這兩種氣體被排放到空氣和雨水接觸時，便會溶於雨水，變成酸雨。酸雨的酸性很弱，幾乎對我們的皮膚沒有任何影響，不過當酸雨落在農田上或建築上物，會破壞農地或建築物，影響糧食的供應和建築物的安全。

酸雨這樣危險，我們可以防止相關的空氣污染物被排放到空氣嗎？

絕對可以，因為二氧化硫和二氧化氮是來自使用化石燃料的燃燒。我們燃燒化石燃料的目的是為人類提供電力或令汽車行走。如果我們能減少用電，外出時習慣乘坐公共交通工具，相信能減少化石燃料的燃燒，這也能減少二氧化硫和二氧化氮在空氣中的含量！

化學小達人訓練

自製無殼生雞蛋

這次化學小達人訓練要求你自製無殼生雞蛋。你能做得到嗎?

材料及工具:

一顆連殼生雞蛋,一個杯子,適量白醋

步驟:

1. 用杯子盛着白醋。
2. 把連殼生雞蛋放在白醋中浸泡一晚。

結果:

當蛋殼溶掉後,我們會看見液體狀的半透明蛋白和黃色的蛋黃,但蛋白和蛋黃都被一層薄薄的、富彈性的半透明薄膜包裹着,好像一顆半透明的雞蛋一樣。

到底背後的原理是什麼?請猜一猜。

_____

_____

酸鹼度
利用化學變魔術

　　大家有沒有想像過成為**魔術師**，在台上自信地表演魔術呢？布加對魔術甚感興趣，年紀輕輕已是一位出色的小小魔術師，不過今天他卻為即將舉行的奇龍族學園**天才表演**而煩惱，因為他想表現令人**耳目一新**的魔術把戲，可是苦無靈感。

　　布加一邊思考，一邊走到廚房，拿出一個**檸檬**，並把檸檬榨成檸檬汁，希望利用檸檬汁的**清新酸味**，刺激一下思維。

　　正當他沉浸在思考之中，布加不小心把檸檬汁濺到**紫椰菜**上，但奇怪的事發生了！

　　布加驚叫：「為什麼紫椰菜上長出了一點點紅色呢？」

　　他趕緊以清水沖洗紫椰菜，發現紫椰菜又回復了原來的顏色。「咦？難道是檸檬汁的**酸性**令紫椰菜的紫

色**色素**變成了其他顏色？對了，我可以試試利用這個變化，來表演一個**變色**的魔術表演。」布加雀躍地説。

於是，布加秘密地進行了多次實驗，最終設計了一個名為「色彩變變變」的魔術表演。

天才表演當天，布加穿上了帥氣的魔術師禮服，等候着出場。在一輪精彩的天才表演後，終於來到壓軸表演，那就是布加的「色彩變變變」魔術表演。

布加拿着**紫色液體**出場，把紫色液體倒進6個瓶子，然後一邊唸着一些奇怪的咒語，一邊往第一個瓶子加入另一種液體，瞬間紫色液體變成**紫紅色**！

　　之後，他分別往第二至第六個瓶子加入不同的液體，每次混合後，原本紫色的液體，變成了**黃棕色**、**藍綠色**、**綠色**、**桃紅色**和**紫藍色**，完美地表演了「色彩變變變」的魔術表演，看得各人**目瞪口呆**。

　　到底布加是怎樣做到的呢？這個魔術表演的秘密就連身為妹妹的小寶也不知道。原來布加利用了**化學的變化**，設計出這項魔術表演。你知道背後的原理嗎？

酸鹼度和 pH 值

　　物質的酸鹼度一般使用 pH 試紙來測試，pH 試紙是一種特製的紙，它會在不同酸鹼度的溶液中變出不同的顏色，方便我們從 pH 試紙的顏色，判斷溶液的酸鹼度。酸鹼度是用 pH 值來表示的，pH 值的範圍由 0 至 14：0 是最強的酸性，14 是最強的鹼性，7 是中性。下表列出了 pH 試紙在不同的酸鹼度的顏色變化：

pH 值	0	1	2	3	4	5	6	7	8	9	10	11	12	13	14
酸鹼度	酸性很高 ←							中性					鹼性很高 →		

　　在色彩繽紛的天然食物中，大都含有天然食物色素，例如黑提子、番茄、紫椰菜等，這些食物都會受酸性和鹼性的物質影響，變出不同的顏色。故事中的布加則聰明地利用紫椰菜汁，自製了天然酸鹼指示劑。紫椰菜含有花青素 (anthocyanin)，只要把不同酸鹼度的液體加入紫椰菜汁裏，便可以多次改變紫椰菜汁的顏色。下表列出了紫椰菜汁在不同酸鹼度溶液中會變出什麼顏色：

酸性	中性	鹼性
紫紅色或紅色	紫色	藍色、綠色或黃色

以下是布加添加入紫椰菜汁的液體：

瓶子	1	2	3	4	5	6
溶液	檸檬汁	漂白水	蘇打水	麵鹼水	白醋	自來水
變色效果	紫紅色	黃棕色	藍綠色	綠色	桃紅色	紫藍色

我們的胃酸應該也是酸性吧！它的 pH 值是多少呢？

胃酸的 pH 值是 1 至 2，是十分強勁的酸度，因為胃酸會利用其強酸性來殺死食物中的細菌，避免細菌經食物走進我們的身體之中。

長期進食過多酸性食物或鹼性食物，會對我們的身體有害嗎？

事實上是沒有太大影響，因為無論是酸性食物還是鹼性食物，食物進入胃部時都會與胃酸混合，而胃酸的酸性很高，任何食物在胃部最終都會被酸化，變成酸性。但是，也要注意一點，長期進食酸性食物或鹼性食物，都會對牙齒及口腔內的皮膚造成損害，增加蛀牙及口腔發炎的機會。

我們的身體還有沒有其他 pH 值的體液呢？

當然有。我們的唾液是鹼性的，因為口腔內藏着很多細菌，它們會偷偷地釋放酸性物質，侵蝕牙齒的琺瑯質，導致蛀牙，鹼性的唾液可以用來平衡這些酸性，避免琺瑯質被侵蝕，從而保護牙齒的健康。因此，我們應該保持身體不同部分獨有的 pH 值，這樣才可以令我們保持身體健康。

自製天然酸鹼指示劑

這次化學小達人訓練是自製天然酸鹼指示劑,來一起試試吧!

材料及工具:

一棵紅鳳菜,一套研磨工具,少量清水,5 個透明杯子,5 個不同酸鹼度的樣本(包括:檸檬汁、玻璃清潔劑、汽水、漂白水和蒸餾水)

步驟:

1. 在碗內把紅鳳菜壓碎,再加入少量水攪拌,令色素溶於水中,製成紅鳳菜汁。注意,水不宜加太多,否則會降低指示劑的濃度,顏色變化便不易被觀察。
2. 把紅鳳菜汁分成 5 份,分別倒進透明杯子中。
3. 把 5 個不同酸鹼度的樣本分別加進紅鳳菜汁中,再觀察顏色的變化,判斷各個樣本是酸性、中性或鹼性。

結果:

請把觀察結果填在下表中。

酸鹼度	酸性	中性	鹼性
紅鳳菜汁變成的顏色	紅色	紫色	藍綠色
樣本			

把塑膠發射至太空是處理垃圾的辦法嗎？

布加發現奇龍族學園內的<u>垃圾量</u>不斷上升，於是便召集了幾位同學組成了垃圾處理委員會。布加對同學們說：「面對目前的情況，我們要想出一個有效處理垃圾的方法，否則整個學園都會被垃圾<u>淹沒</u>⋯⋯」

初步了解過後，委員會發現大部分的垃圾都是<u>塑膠</u>，於是便集中討論塑膠廢物的處理。

魯發提議：「我們可以利用火箭，把塑膠廢物發射到<u>太空</u>。」

奇洛反對：「這可不行，我們怎可以把垃圾隨便拋棄到太空呢！海力，聽說塑膠是有辦法回收的，你知道嗎？」

海力說：「我知道，其實塑膠製成品，例如：膠樽、食物盒或玩具，都會印上一個**國際通用資源回收編碼**。我們只要教導同學們按照資源回收編碼，把塑

膠廢物分別投入不同的回收箱子裏，然後再定期把分類好的廢物送往**環保回收商**，他們便會把塑膠**轉化**為原材料，再次被製成塑膠產品。」

　　魯飛說：「聽起來好像很容易，但如果要在棄置垃圾前，先查看物件身上的資源回收編碼，再走到多個回收箱子前，找出正確的回收箱，我相信大部分人會**直接**把垃圾隨手放入**垃圾箱**！」

　　海力說：「雖然操作上有困難，但我們必須克服。塑膠的特性是**十分耐用**，被棄置後的一百年內也不會被**分解**。但如果被回收的話，塑膠可以被再次製成新產品，即是每**回收**一件塑膠廢物，我們

便減少一件新的塑膠產品的出現，**大大減少**了塑膠廢物量。」

布加說：「原來最困難的是讓所有人明白如何正確處理塑膠廢物。好吧！我們現在分工合作，由明天開始，每人站在一個垃圾箱旁，當有人前來拋棄塑膠垃圾時，我們便教導他們應如何把塑膠廢物分類處理。」

魯飛小聲**埋怨**道：「那**豈不是**我們要對很多人說，要說很多次？放過我吧！」

幸好，魯飛最終也跟委員會其他成員一樣，理解到處理塑膠廢物問題的**迫切性**。

經過委員會一星期的努力，奇龍族學園的塑膠廢物量真的大大下降！他們**萬萬想不到**，真正的原因是同學們都怕了他們日以繼夜的**嘮叨**，因而改變了**購物習慣**，儘量避免選擇含有塑膠的產品，也會自備購物袋代替膠袋，和自備水樽代替樽裝水。由此可見，提升人們的**環保意識**，才是處理塑膠廢物最重要的一環！

為何塑膠這麼耐用？

　　塑膠十分耐用，是由於組成它們的原子由強大的化學鍵所連結着，令原子不容易分離。化學鍵可以分為三種：離子鍵、金屬鍵和共價鍵。離子鍵是由正離子和負離子之間的正負電荷互相吸引而形成，金屬鍵是金屬原子之間的連結，而共價鍵就是所有非金屬原子之間的連結方法。在三種鍵之中，共價鍵的連接是最難被破壞的。

　　塑膠的耐用性高，不易被破壞，原因是組成塑膠的原子是由共價鍵連結。要把塑膠分解或破壞，就要用很多能量破壞原子間的共價鍵。

　　雖然塑膠難以被分解，但大部分塑膠在加熱後都會軟化，甚至變成液體，液態的塑膠在冷卻後可再次硬化，因此液態的塑膠可倒入特定形狀的模具之中，冷卻後便可以變成新產品。

　　就是因為塑膠難以被分解、遇熱熔化和遇冷硬化的特性，令塑膠可以無限次地被回收及再造。

既然塑膠難以處理，我們可以用燃燒的方法令塑膠消失嗎？

雖然焚化是一個處理固體的方法，但燃燒塑膠會產生大量黑煙和其他氣體污染物，包括致癌的二噁英、有毒的一氧化碳和酸性氯化氫，造成空氣污染，並且會釋放大量二氧化碳，進一步加劇全球暖化的問題。

魯飛提議把廢物發射到太空，這方法應該能減少地球上塑膠廢物的數量，但為什麼不行呢？

其實廢物也是地球上的珍貴資源，只要被分解後，廢物會再次被循環使用，成為生物或地球的一部分，但是若把廢物發射到太空，這些資源就永遠離開地球，地球上的資源就會一點一點地用光！

香港的廢物回收箱普遍只有三種，分別是藍紙張、黃金屬和啡塑膠，所有塑膠廢物最後都只會放到啡塑膠回收箱中。那麼，「國際通用資源回收編碼」豈不是不適合在香港使用？

雖然這個說法是對的，但如果能夠按編碼把塑膠廢物分類，分類廢物再造出來的塑膠原料會變得更純正，品質也更好。以現行的方法，環保回收商只能用人手把廢物根據編碼分類，這是一個浪費時間和人手的工作，並會令回收成本上升，又或者是直接放棄分類，再造出不純正的塑膠原料，犧牲了品質。

化學小達人訓練

國際通用資源回收編碼看一看

請在家中收集各種塑膠物品,看一看產品上是否附有國際通用資源回收編碼,把結果填寫在下表。

國際通用資源回收編碼	塑膠名稱	製成品的例子
♲ 1	PETE、PET、聚對苯二甲酸乙二酯	
♻ 2	HDPE、聚乙烯	
♳ 3	PVC、聚氯乙烯	
♴ 4	LDPE、聚乙烯	
♵ 5	PP、聚丙烯	
♶ 6	PS、聚苯乙烯	
♷ 7	其他塑膠	
♸ ABS	ABS 樹脂	

吃得健康又低碳，首選午餐肉？

奇龍族學園飯堂的**招牌美食**——餐肉雞蛋三文治——甚受同學們歡迎，眾人尤其對那塊香脆的餐肉着迷，可是飯堂從今天起不再售賣這款美食了！因為招牌美食已經變成了**「新」餐肉雞蛋**三文治！

魯飛好奇地詢問飯堂的姨姨：「為什麼三文治有新舊之分呢？難道之前賣的三文治是舊的？姨姨，你們賣**過期**三文治嗎？」

姨姨回答：「當然不是！這個『新』不是指三文治的製作時間，而是指新種類的午餐肉。飯堂為了你們的健康設想，決定棄用**傳統午餐肉**，改用**新餐肉**，製成**更健康**的三文治。」

小寶問：「新餐肉看起來跟舊的完全沒有分別，怎樣看也不見得吃這個會比吃舊的健康呢！」

姨姨說：「你試試吧！新餐肉主要用**大豆**製造，沒

有動物脂肪，更沒有加入**致癌**的**防腐劑**，而且味道媲美傳統午餐肉。來，這是給你們的『新』餐肉雞蛋三文治，看你們能不能品嘗出『新』與『舊』的分別！」

　　大家拿到三文治後，一邊討論，一邊慢慢品嘗着這款新產品。可是，魯飛卻大口大口地吃着，還說：「不管餐肉是新的還是舊的，味道最重要。噢！真美味！」

奇洛指着牆上一張由飯堂張貼的新舊午餐肉**食物營養標籤**比較表，説：「大家來一起來看看這張食物營養標籤比較表。」

營養成分	新餐肉 （每 100 克）	傳統午餐肉 （每 100 克）
熱量（Kcal/ 千卡）	200	211
蛋白質（g/ 克）	12.7	13.7
總脂肪（g/ 克）	15.7	14
——飽和脂肪（g/ 克）	10.7	5.6
鈉（mg/ 毫克）	480	620
碳水化合物（g/ 克）	2.0	7.9

1 克 = 1,000 毫克

貝莉説：「原來新餐肉的**熱量**較少，**而蛋白質、鈉**和**碳水化合物**的含量都比較低。」

小寶指着有關脂肪的營養成分説：「可是，新餐肉**總脂肪**和**飽和脂肪**的含量都比較多。」

此刻，大家的心內都疑惑着：「到底哪種餐肉才比較健康呢？」

新餐肉是如何製成的呢？

新餐肉主要由大豆製成，而傳統午餐肉則是由豬肉製成。從食物成分而言，大豆和豬肉都是蛋白質食物，只是豬肉含有動物的肉類纖維，這是大豆沒有的。如兩者都沒有經過加工的話，吃大豆和吃豬肉的口感會有很大的分別。但是，科學家經過無數次的實驗後，改善了大豆的蛋白質和膳食纖維的口感，讓大豆吃起來有着吃動物肉類纖維的感覺。

傳統午餐肉的香味和味道是來自脂肪和鹽分。只要在製作新餐肉時，加入了適量的椰子油（即脂肪）和鹽作調味，味道便會接近傳統午餐肉。經過不斷調節椰子油和鹽的分量後，新餐肉的鹽分比傳統午餐肉的用少了，但脂肪卻用多了。

新餐肉最大的改善之處，就是不再使用傳統午餐肉的硝酸鹽防腐劑。硝酸鹽防腐劑抑制午餐肉內細菌的生長，達到防止變壞的效果，另一效果是令午餐肉染成粉紅色。有研究顯示，經常吸收硝酸鹽防腐劑，會提高患上癌症的機會，所以還是少吃一些加了硝酸鹽的食物為妙。而新餐肉的粉紅色是由天然的紅菜頭汁染成的，令它的色、香、味跟傳統午餐肉很相似。

新餐肉和傳統午餐肉的食物營養標籤都不同，要看哪一個成分才知道哪一款較健康呢？

這要看個人的需要，有些人不能吃太多鹽分，有些則不能吃太多碳水化合物。總括而言，我們並不可以單獨看一項營養成分，來判斷食物是否健康。

那麼，我們要如何閱讀食物營養標籤才能知道自己的飲食是否健康呢？

以下是一些參考方向：
1. 熱量是指食物的總能量。吸收過量的熱量，會變成脂肪儲存在身體內，導致肥胖。
2. 蛋白質是身體必需要的營養，用於生長和修補身體的損耗。吸收過量會變成脂肪儲存，導致肥胖。
3. 脂肪是身體的能量儲備。饑荒發生時，身體會使用脂肪產生能量，維持生命。吸收過多飽和脂肪會引致身體製過多的膽固醇，過量的膽固醇會引致心臟血管疾病和中風。
4. 鈉是鹽的一種。過多的鹽分會引致高血壓，增加中風和患上心臟血管疾病的機會。
5. 碳水化合物能為身體提供即時的能量。吸收過量的碳水化合物，會變成脂肪儲存在身體內，導致肥胖。

新餐肉和傳統午餐肉比一比

以下是新餐肉和傳統午餐肉的食物營養標籤比較表，請閱讀後回答以下問題。

營養成分	新餐肉（每 100 克）	傳統午餐肉（每 100 克）
熱量（Kcal/ 千卡）	200	211
蛋白質（g/ 克）	12.7	13.7
總脂肪（g/ 克）	15.7	14
——飽和脂肪（g/ 克）	10.7	5.6
鈉（mg/ 毫克）	480	620
碳水化合物（g/ 克）	2.0	7.9

1 克 = 1,000 毫克

1 從鈉含量方面分析，哪種餐肉較易引起高血壓的問題？

_____

2 從飽和脂肪的含量分析，哪種餐肉較易引起高膽固醇的問題？

_____

3 總括而言，哪種餐肉較易引致肥胖呢？

_____

_____

_____

關燈救地球

今天晚上，市民及工商機構都積極響應「關燈一小時」活動，把不必要的電燈關上一小時，使得平日晚上**燈光璀璨**的維多利亞港變得**暗淡無光**！不過燈光越是暗淡，就代表電力的消耗越少。

這晚，奇洛、魯飛和海力就在尖沙咀海旁，欣賞這個海港「**黯然失色**」的奇景，三人都想透過這一夜，提醒自己要減少用電。

不過，魯飛其實不太明白關掉電燈或電器，對拯救地球有什麼幫助。他說：「我日後會減少開啟冷氣機，**節省電力**，為父母省下一點電費！但省錢能**拯救地球**嗎？」

海力說：「省下金錢，救的是自己；但省下**地球資源**，救的卻是全世界及整個地球！」

奇洛回應：「對啊！節省電力就是為地球省下珍貴

的發電原料——**化石燃料**。科學家粗略估計，化石燃料將在 60 年內用盡，屆時即使我們有錢也買不到電力了！」

魯飛無知地說：「那我大不了不開啟冷氣機。」

奇洛笑着說：「除了沒有冷氣之外，你的**手機**也不能再**充電**，連你最愛玩的『食雞』遊戲也不能再玩！」

魯飛高呼：「不行，我的手機不可以沒有電！」

海力提醒道：「最重要的問題不是手機有沒有電，而是在一個**沒有電力**的世界裏，所在電器都無法運作，包括電視、電腦、升降機、電燈……到了那時候，我們便會倒退至**原始生活**。」

魯飛不明所以，還開玩笑說：「這樣我們便不用上學，還可以每天在『原始世界』中玩耍呢！」

奇洛說：「你不怕『原始世界』，那你怕不怕活在沒有陸地的世界呢？為了發電，發電廠需要燃燒化石燃料，結果是產生大量二氧化碳。二氧化碳又被稱為溫室氣體，因為它能保存地表上的熱力，令地球變成一個巨型溫室。為了應付人類日益增加的用電需求，發電廠需要製造更多電力，同時造出更多溫室氣體。當地球越來越熱時，南北極的冰川會融化，變成海水，最後海水漸漸掩沒陸地，人類便要活在一個悶熱且沒有陸地可居住的地球！」

魯飛恍然大悟：「那我今晚不單要關燈一小時，還會把冷氣機關掉一整個晚上！」

奇洛說：「你終於明白了！其實每當用完電器，我也習慣把它們關掉。」

海力點頭說：「對，我甚至在夏天晚上，都只開啟電風扇，不再依賴用電量較大的冷氣機。」

全球暖化的問題刻不容緩，你又會怎樣應對呢？

化學小學堂

發電的原理

香港的電力來自發電廠，例如南丫發電廠及青山發電廠。大家有見過把食水煮沸時，會發生什麼事嗎？就是大量的水蒸氣會從熱水壺的出口衝出來，這是因為水分被熱能蒸發。

其實，發電廠好比一間把水煮沸的工廠。香港主要是利用煤和天然氣這兩種化石燃料來產生電力，當這些燃料燃燒時，便會釋放大量的熱能，熱能把水加熱，產生水蒸氣，衝出來的大量水蒸氣立即被引導衝向渦輪。當水蒸氣像風一樣衝向渦輪時，渦輪便開始轉動。最後，渦輪帶動發電機一起轉動，只要發電機一轉，便會產生電力。

發電原理給我們帶來啟示：減少用電，就是環保。既然電力是來自化石燃料的燃燒，而化石燃料除了會被耗盡，還會引致全球暖化的問題，那麼最好的決解方法就是減少用電。所以，節省電力，就是為環保出力。

根據世界自然基金會香港分會的資料，以2015 年 3 月 28 日晚上 8 時半至 9 時半進行的香港「地球一小時」為例，全港用電量在「地球一小時」期間下降了 4.08%，相等於減少 137.8 噸碳排放，也相等於減少了約 35,000 輛汽車在一小時內同時行走時的排放量。

在夏天，我每晚睡覺都要開啟冷氣機。有沒有方法可以減少用電，又同時可以舒適地睡覺呢？

我們可以預先設定冷氣機在醒來前一小時關掉。冷氣關掉後，溫度仍然是令人感到相當舒適，足夠你享受至睡醒為止。其實，你更可以戒掉對冷氣的依賴，改用電風扇。只要風力和吹風的角度正確，電風扇是個既省電又涼快的選擇。

家中常見的電器有哪些是耗電量較高的呢？

吹風機、吸塵器和焗爐等都屬於耗電量較高的電器，但這些電器通常不會被長時間使用，因此不會令整體耗電量大幅上升。反而其他耗電量不高，但又會被長時間使用或設定在待機模式中，例如電視、電腦及空氣清新機，這一類電器都在不知不覺間消耗不少電力。

什麼是「能源效益標籤」？它可以令我節省更多電力嗎？

能源效益標籤是用來說明電器的能源效益程度，分為5級：綠色第1級能源效益最高，最省電，而紅色第5級能源效益最低，最浪費電力。以冷氣機為例，一部第5級能源效益的冷氣機的電力消耗會比第1級的多出25%。

環保生活

　　節省電力就是為環保出力。請回答以下問題，找出自己在日常生活中耗電的習慣，並好好反思自己的日常生活是否符合環保原則！

1. 夏天時，你使用冷氣機的時數是多少？

2. 你會調校家中的冷氣機至哪一個溫度？

3. 冬天時，你使用暖氣機的時數是多少？

4. 你每天開啟家中電視機的時數是多少？

5. 你每天睡前關上電燈的時間是何時？

6. 你家中的電腦有多少時數是維持在使用或備用狀態？

7. 你有沒有發現當自己不使用風扇時，常常忘記關掉？

8. 當你晚上使用家中的洗手間後，有沒有關燈的習慣？

9. 你有沒有睡覺時不關燈的習慣？

10. 出門前，你有沒有確保已經關掉家中的電器？

奇龍族學園的首位太空人

奇洛在眾多精英之中**脫穎而出**，成為奇龍族學園的**首位太空人**！

這天，他到訪太空人的**訓練基地**，學習相關的太空知識。教練說：「這就是太空人使用的洗手間，由於進入太空後，太空船便失去**地心吸力**，太空人排出的尿液只會浮在空中，不會向下流走，這條管子就是用來吸走**浮在空中的尿液**。」

奇洛問：「吸走的尿液是否會直接排出太空呢？」

教練搖頭說：「這樣太浪費了！尿液只含有**水分**和代謝廢物，只要利用**淨化系統**，便可分離尿液中的水分和廢物，再次變成可飲用的水！」

奇洛驚訝地說：「**真不可思議**！尿液也可再次被飲用！」

教練繼續介紹：「這些是太空人食用的**脫水食物**，

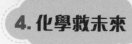
由於食物中的水分已被抽乾，食物的**體積**會大大減少，以便太空人可把更多食物帶進太空船。這個機器就是用來把水分再次加入脫水食物之中，並同時把食物加熱。」

奇洛説：「牛排、蔬菜⋯⋯原來**太空食物**有這麼多款式！」

教練笑着説：「味道還不錯呢！來，這是你的**睡牀**。」

奇洛歪着頭説：「什麼？為什麼這張牀是**垂直**的？」

教練回答：「在地球上，地心吸力會把你向下拉着，因此你可以躺在牀上。但是，

太空沒有地心吸力，因此睡牀垂直放還是橫放，根本沒關係！最重要的是你在睡覺時要把自己綁在牀上，不然你便會飄浮在半空中，睡來時會發現自己不知飄浮到哪裏去了！」

奇洛説：「哈哈，看來連睡覺也得重新學習呢！」

教練繼續介紹太空船上的設備：「這就是太空船的電力來源——氫燃料電池，它的發電原材料是氫氣和氧氣。氫氣和氧氣進行化學反應後，只會產生潔淨的水和釋放能量。氫燃料電池把氫氣和氧氣反應所釋出的能量，轉化為電能，供太空船上的儀器使用。」

奇洛問：「為什麼選用氫燃料電池呢？」

教練説：「首先，氫燃料電池能夠不停地發電，因為當它的電力用完時，只要注入氫氣和氧氣，便可繼續發電。換句話説，只要帶備足夠的氫氣和氧氣，電池便能不停地發電。第二，氫燃料電池能發電，也能產生潔淨的水，因此既是發電裝置又是製造飲用水的裝置呢！」

奇洛説：「原來有這麼多學問。教練，我會儘快學懂，成為出色的太空人，為未來的科學發展作出貢獻！」

氫燃料電池的運作原理

只要能夠令電子流動，便可以產生電流。電池就是一個會令電子從它的負電極流出來，再被正電極吸收的裝置。

在氫燃料電池內，氫氣會注入電池中負電極所在的間隔之中，氫氣在電池內的作用是釋放出電子，這樣負電極便會流出電子來，而氫氣釋出電子時，會與電解質進行反應，產生潔淨的水分，收集後再經銀離子消毒器處理，便可供給太空人飲用。

之後，電子會湧向正電極，而正電極間隔內的氧氣，它的作用是進行化學反應，接收電子。這樣負電極的氫氣便會不停釋出電子，而正電極的氧氣便會不停接收電子，電子便會不停地由負電極流向正電極，產生電流。

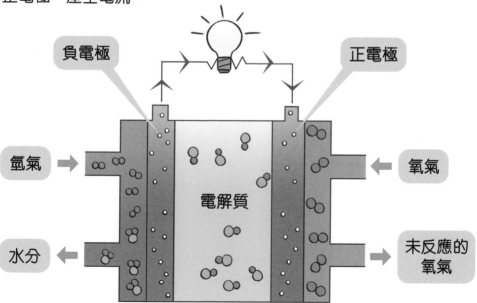

負電極　正電極
氫氣　氧氣
電解質
水分　未反應的氧氣

太空船可以使用氫燃料電池,那麼我們的日常生活是否也可以使用這種電池呢?😊

理論上是可以的,假設手機轉用了氫燃料電池,手機便不用再充電了,因為只需要把氫氣注入電池內,手機的電量就會變得滿滿的!

如果手機真的轉用氫燃料電池,我們豈不是要在家中準備大量氫氣?😊

正確。如果連其他電器也轉用氫燃料電池,我們家中便需要準備大量氫氣。在地球上的空氣含有21%的氧氣,因此流動裝置的電池可從空氣中吸收氧氣。

看來不用充電的電池,應該會為我們省下很多充電的時間,但氫氣容易購買到嗎?如果不容易,我們為什麼還要發展氫燃料電池呢?

氫氣暫時不容易購買,這也是氫燃料電池未能普及的原因,如果要廣泛使用氫燃料電池,社會上要有適當的配套,令消費者能容易地購買到氫氣。說不定在未來的日子裏,科學家能解決氫氣作燃料的普及程度,使到處都可以買到氫氣,到時候這種科技便會變成了日常生活的一部分了!

未來城市的想像

在未來世界裏，氫燃料電池或許會成為所有流動裝置的基本裝備。試想想以下各項設施要作出哪些改變，才可解決氫氣的需求呢？

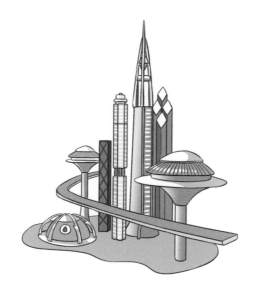

油站：

_____

超市：

_____

屋內的設置：

_____

正確使用化學知識
化學知識可以改變世界嗎？

奇洛與多多互相出題，考考誰的化學知識更淵博。

「空氣中含有**氮氣**、**氧氣**、**二氧化碳**等氣體，其中有一種氣體令人又愛又恨，是什麼呢？」奇洛問。

「氧氣，因為地球上所有生物都需要呼吸氧氣，才能**維持**生命；但氧氣又會令金屬**生鏽**、食物**變壞**、物質**氧化**，實在令人頭痛。」多多自信地說。

「果然難不倒你！」奇洛說。

「現在由我出題：哪一種事情，你每天都會做，當你在做的時候，你會感到**舒暢**，但事後卻覺得很**難受**，有時甚至很**尷尬**，是什麼呢？」多多問。

「嘻嘻，我剛剛就做了一次！答案就是放屁。你形容得真**貼切**，真是又暢快又尷尬！」奇洛嘻笑着說。

「哥哥，你吃了什麼？這氣味真令人難受！」多多抗議。

「沒什麼，洋蔥罷了！好了，你知道哪種化學品，一方面能幫助建設，另一方面卻助長**破壞**呢？」奇洛問。

「是哥哥你，因為你每次教我完成一幅拼圖後，都會不小心把拼圖碰跌，讓我拼完再拼！」多多指着奇洛說。

「錯了，雖然我的身體裏含有不同的化學物質，可是我並不是化學品。我是你的哥哥，也是你的**小小人生教練**！其實，我每次都只是扮作『**不小心**』，我是想你憑自己的實力去完成拼圖呢！」奇洛裝出一副**用心良苦**的樣子，然後續說：「正確的答案是**硝化甘油**，它是一種**炸藥**，可以炸開岩石，幫助我們開闢土地，建設公路，建造房屋；同時它也可用來製成**子彈**、**炸彈**等武器，造成破壞。」

「我還以為炸藥只可用於武器，但原來也可用來建設社會。這麼說來，如果我們**不適當**地使用化學品，就會引致各種**嚴重**的問題。看來學習化學知識時，我們也要多反省**濫用**化學品的問題！」多多若有所思地說。

「對啊！其實還有很多**濫用**化學品的例子，例如：塑膠產品讓我們的生活更便捷，可是大量使用塑膠產品會引致環境污染的問題。」奇洛補充：「另一方面，很多人對**食物添加劑**存有恐慌，因為很多包裝食物都添加了不同的化學品，通常是少量**防腐劑**、**調味劑**及**色素**。不過，擁有化學知識的人都會明白，只要進食添加劑的分量不多，是不會對身體構成危險的，故此我們不必對包裝食物存有恐慌，只要不是經常食用便可。」

「我明白了！我們都應該擁有**化學智慧**，為了保護自己，更可以利用知識，貢獻社會！哥哥，你真是一個小小化學家！」多多稱讚道。

化學小學堂

化學知識應用利與弊

各種化學知識的應用帶來不同的好處和壞處。我們一起來看看以下例子的利與弊。

	好處	壞處
化學肥料及合成農藥	種植出高質素的農作物，種植時間更短，更避免農產品被害蟲破壞。	過量使用，會污染地下水，污水最終會流入河流或大海，造成水污染。
化石燃料	除了為人類帶來燃料、電力和文明的生活，化石燃料更為製造衣服、藥物和塑膠提供了重要的原材料。	化石燃料的使用製造出大量溫室氣體，加劇全球暖化，引致海平面上升、改變全球氣候和威脅生物的存活。
合成藥物	令藥物的製造成本更低，更多藥物可供購買，可醫治更多病人。	因為藥物容易購買，令藥物容易被大眾濫用，藥物使用不當，會引致生命危險，或令某些病菌對藥物產生抗藥性，使藥物失效。
調味料（如：鹽、味精）	提升食物的味道。	長期過量進食，會引致身體問題，如：高血壓、中風或心臟病等。
洗衣用的漂白水	令衣服更潔白。以稀釋的漂白水抹拭物品，還可清除依附在物品上的病毒。	當大量使用時，含有漂白水的污水可能會造成環境污染。

現在我知道某些化學知識的運用會為世界帶來壞處，這些知識的運用或研究是否應該被禁止呢？

如果是為了追求知識及學習的話，知識的運用或研究是不應受到限制的，但如果某些研究會為世界帶來很大影響，任何人都可以提出自己的看法，通過討論來決定是否應該繼續進行下去。

如果大家都認為某些化學知識是不應該繼續被運用或研究，這些知識的發展是不是永遠也不能再進行？😳

不是，這些知識所帶來的壞影響，未來的科學家可能會研究出新的方法來解決，這樣，有關的研究便可以再次開始了！

當有一天我成為了真正的化學家，但在研究某項化學知識時被大部分社會人士反對，那我該怎麼辦？🐌

作為虛心學習的化學家，應多聆聽別人的意見，檢討自己的立場是否有不足之處，有需要時更可以透過與別人的深入討論，了解不同人士的看法，之後再決定是否應該繼續進行研究。其實，追求知識的目的是為人類追尋幸福，為人類服務，所以科學家也要重視和別人溝通，了解大眾的想法。

猜猜化學產品

化學品的使用會為人類帶來好處和破壞，你能根據以下的資料，猜出資料所形容的化學品嗎？

A.
含碳粉和鐵粉的暖包

B.
螢光棒

C.
塑膠製的氫氣球

D.
人造纖維，例如尼龍或聚酯

	化學產品	好處	壞處
1.		令人在寒冬中保持溫暖。	使用後便成為含碳和氧化鐵的化學廢料。
2.		為派對增加了歡樂的氣氛。	變成難以降解的塑膠垃圾。
3.		除了保護你的身體，更為你在冬天時保暖，以及在不同場合中更吸引。	由於它們是由石油原材料製成，因此過度購買會浪費了很多石油的原材料。
4.		令親戚朋友在中秋節時充滿歡樂。	留下了很多未用、又難以回收的有毒化學廢料。

第11頁：組成食物和日常用品的元素

1. 碳、氫和氧，因為多種食物成分(如：碳水化合物、脂肪和蛋白質)，都含碳、氫和氧，而生活中常常使用的塑膠、布料和藥物等物質，都由碳、氫和氧，再配上其他元素所組成的。

2. 氧，因為我們所吸收的食物成分(如：碳水化合物和脂肪)，最終會成為身體的一部分，而這些營養都含有氧、碳和氫，再加上人體含50-60%的水分，水分是由氧和氫這兩種元素組成的，所以身體內最多的元素是氧、碳和氫。它們在人體中的含量百分比是：氧65%、碳18%、氫10%。

第17頁：元素周期表高手

1. 矽：Si，14，14；鈣：Ca，20，20
2. 硫和氫

第23頁：如何儲存第I族的「火爆」鹼金屬？

答案是C，石蠟油內沒有水，因此可防止鈉與水接觸。A和D的容器雖然是密封，但容器中的空氣可能含有水分；B的乾燥空氣雖然沒有水分，但要時刻確保空氣乾燥並不容易，因此並不是一個可靠的方法。

第29頁：化學反應停一停

- 把油漆覆蓋在鐵欄柵的表面。
- 把蔬果放入密實袋。
- 在剪刀的接合位置塗上潤滑油，既能阻隔氧氣又能潤滑接合位置。

第35頁：智破化學反應

1. 訊息就是各個元素的化學符號：P Ar Ti，符號合併後，其發音與英文Party相同。原來奇洛為大家準備了一個試後慶祝派對。

2. 蛋殼中的碳酸鈣和酸性的白醋發生反應，產生二氧化碳氣體：視覺上，看到氣泡在蛋殼上形式；聽覺上，聽到輕微的「沙沙」聲。

   製造可樂時，生產商會把大量二氧化碳氣體溶於可樂之中，變成碳酸。萬樂珠的表面有很多看不見的凹凸坑紋，當溶於可樂中的碳酸碰上了萬樂珠的表面時，凹凸坑紋會快速使碳酸變回二氧化碳，形成大量氣體湧出來的現象：視覺上，看到大量氣泡湧出來；聽覺上，聽到「沙沙」聲；觸覺上，沒有明顯變化。

第41頁：液體和氣體的密度

1. 密度最高的糖漿在最下層，密度最低的油在最上層。

2. B，用半蹲走路的方法前進比較好，因為熱空氣和一氧化碳的密度比空氣低而向上升，因此儘量保持鼻子處於一個較低的位置，可以避免自己吸入過量的有害氣體。雖然以C的方式逃生，可以避開有害氣體，但卻無法避開其他在火場逃生的人士，更有可能被踐踏。

第47頁：你是貴氣體專家嗎？

1. 氦、氖、氬、氪、氙、氡
2. 答案是C或D。雖然氮氣不是貴氣體，但是它能排走箱子裏的氧氣，而且不會把顏料氧化；而氬氣是貴氣體，也不會把顏料氧化，不過它的價錢較貴，故只用於極珍貴的油畫。
3. 答案是氦氣，因為氦氣在正常環境之下

很容易發生爆炸，而氦氣則是十分安全的貴氣體，不會引致爆炸，而且它和氫氣的密度都低於空氣，因此都能令氣球浮於空中。

第53頁：滅火有法！
1. 燃料；2. 高溫；3. 氧氣

第59頁：酸鹼物質分一分
洗潔精和唾液是鹼性，而乳酪是酸性。洗潔精和肥皂一類的物質含有去除油脂的清潔劑，而這些清潔劑都能提升水的鹼性，所以凡是含有清潔劑成分的物質都是鹼性的。如果唾液是酸性的話，牙齒便會被唾液侵蝕了，所以唾液是鹼性。乳酪裏的乳酸菌會製作一種名為乳酸的酸性物質。

第65頁：安全食用即食懶人火鍋
1. 不對，由於熱水令反應的溫度大大提升，高溫會令加熱物料的放熱反應更劇烈，令火鍋內的水分突然變成高溫的水蒸氣並噴出，可能會灼傷皮膚。
2. 不對，玻璃在冷縮熱脹下容易發生爆裂。由於火鍋會快速地釋放大量熱能，高溫會令玻璃表層急速膨脹，但較深層的玻璃卻沒有跟隨表層膨脹，當表層和深層玻璃膨脹的速度不一時，玻璃桌子會爆裂，造成危險。
3. 這個當然是對的，但是也要留意打開蓋子時所冒出來的熱氣，一不小心便會被熱氣灼傷。

第71頁：解決能源危機
• 自備可重用的餐具，拒絕使用即棄餐具。
• 重複使用水樽來盛水，避免購買樽裝水。
• 可考慮送給別人或與朋友交換舊物。

第89頁：自製無殼生雞蛋
蛋殼含豐富的碳酸鈣，白醋把碳酸鈣變成氣體的二氧化碳、鹽和水分，令蛋殼分解，剩下蛋內的物質。

第95頁：自製天然酸鹼指示劑
酸性：檸檬汁、汽水

中性：蒸餾水

鹼性：玻璃清潔劑、漂白水

第101頁：國際通用資源回收編碼看一看
1：膠水瓶；2：即棄水樽、膠袋；3：膠管子、保鮮紙、浴簾；4：水樽、膠袋；5：食物容器、食品餐具；6：餐具、CD盒、透明器皿、發泡膠；7：奶瓶；ABS：物件的外殼

第107頁：新餐肉和傳統午餐肉比一比
1. 傳統午餐肉，因為它的鈉含量較高。
2. 新餐肉，因為它含較多的飽和脂肪。
3. 傳統午餐肉，因為它的脂肪含量只是比新餐肉略低一點，但蛋白質和碳水化合物的含量卻比新餐肉高，過量吸收的蛋白質和碳水化合物都會以脂肪的形式儲存，導致肥胖。

第113頁：環保生活
大部分題目均沒有標準答案，不過只要你盡力維持低用電量，除節省電費，更為環保出力。

第119頁：未來城市的想像
• 油站：加設為汽車輸入氫氣的設施。
• 超市：提供罐裝氫氣。
• 屋內的設置：可供儲存氫氣的容器，或類似煤氣的中央氫氣供應系統。

第125頁：猜猜化學產品
1. A；2. C；3. D；4. B

奇龍族學園
化學知識大解鎖

作　　者：朱國傑
繪　　圖：岑卓華
策　　劃：黃花窗
責任編輯：黃花窗
美術設計：劉麗萍
出　　版：新雅文化事業有限公司
　　　　　香港英皇道499號北角工業大廈18樓
　　　　　電話：（852）2138 7998
　　　　　傳真：（852）2597 4003
　　　　　網址：http://www.sunya.com.hk
　　　　　電郵：marketing@sunya.com.hk
發　　行：香港聯合書刊物流有限公司
　　　　　香港荃灣德士古道220-248號荃灣工業中心16樓
　　　　　電話：（852）2150 2100
　　　　　傳真：（852）2407 3062
　　　　　電郵：info@suplogistics.com.hk
印　　刷：中華商務彩色印刷有限公司
　　　　　香港新界大埔汀麗路36號
版　　次：二〇二二年三月初版

ISBN：978-962-08-7954-8
© 2022 Sun Ya Publications (HK) Ltd.
18/F, North Point Industrial Building, 499 King's Road, Hong Kong
Published in Hong Kong, China
Printed in China

鳴謝：
本書表情符號小插圖由Shutterstock 許可授權使用。